지금도 충분히 괜찮은 엄마입니다

암을 이겨낸 자격증 부자 엄마의
따뜻하고 야무진 육아 이야기

지금도 충분히 괜찮은 엄마입니다

정미숙 지음

마음세상

엄마, 당신을 응원합니다

저는 12년 차 주부이자 12살 아이의 엄마입니다. 사랑스러운 딸을 품에 안은 지 고작 6개월 만에 갑작스러운 암 판정받은 엄마이기도 합니다. 두 번의 고통스러운 수술을 마친 후, 38kg의 한없이 약해진 몸으로 인공항문을 달고 집으로 돌아왔습니다. 인공항문의 복원 수술은 3년 후에나 가능하다는 소견에 말로 표현하기 어려운 절망감을 느끼면서 말이죠.

복원 수술에 하루라도 빨리 도전하고 싶은 마음에 퇴원 직후 5m도 채 걷기 힘들 정도로 약했던 엄마가 매일 동네 산을 오르며 체력을 키웠습니다. 덕분에 의사의 만류에도 불구하고 8개월 만에 수술에 도전했고 기적적으로 성공했습니다. 복원 수술을 마친 후 암 진단 이전의 모습은 볼 수 없었지만, 상처투성이 배를 만지며 느꼈던 벅찬 감동은 지금도 잊을 수가 없습니다.

그날 이후, 제 삶은 완전히 바뀌었습니다. 제가 가진 모든 것에 진심으로 감사하게 되었습니다. 숨을 쉬는 것, 사랑하는 사람들을 보고 만지는 것에 그저 감사하게 되었습니다. 아이를 처음 안고 아무 욕심 없이 손가락 10개, 발가락 10개를 확인했던 순간처럼 아이를 존재만으로 사랑하는 넓고 깊은 엄마가 되었습니다. 변화된 엄마의 시선을 통해 아이도 같이 하늘, 땅, 자연을 봅니다. 엄마가 스스로 돌아보며 마음을 채우자 아이의 마음도 채워졌습니다. 오직 감사로 가득한 엄마를 통해 감사하는 법을 배우며 예쁘게 자라난 아이는 이제 엄마가 보내는 긍정에너지를 친구들에게 보내는 사람으로 성장하고 있습니다. 아이와 함께하는 이 시간이 오래 지속되길 바랄 뿐입니다.

이러한 엄마의 작은 변화는 가정의 변화로 가정의 변화는 사회의 변화로 이어졌습니다. 내 아이뿐만 아니라 다른 아이들도 함께 행복할 방법을 고민하면서는 엄마의 시선이 넓어졌습니다. 작은 변화가 큰 변화를 만들어내고 있습니다. 그저 작은 한 아이의 엄마였던 저는 한 단체의 인형극 봉사로 시작해 현재는 아동 권리교육 강사, 학교 폭력 강사로 활동하며 사회의 변화를 돕고 있습니다. 평범했던 엄마가 공부를 시작했습니다. 책을 읽고 글을 씁니다. 시에서 운영하는 학부모 아카데미에서 감정 코칭 수업을 듣고, 전통 놀이 지도사, 독서지도사, 책 놀이 지도사 자격증을 따며 하루도 허투루 쓰지 않고 꾸준히 성장하고 있습니다.

이 책은 영원히 살 것처럼 공부하고 오늘이 죽는 날인 것처럼 열심히 사는 한 엄마가 아이를 통해 성장하는 모습, 엄마를 통해 아이가 성장하는 모습을 담은 이야기입니다. 책에 담길 이야기들은 매우 개인적인 경험에 불과할 수도 있지만 그 정도에 그치지 않을 거라 자신합니다. 자녀교육과 경제적인 위기로 몸과 마음의 어려움 속에서 힘들어하는 대한민국의 엄마들에게 위로와 공감과 도전과 감동을 주는 고마운 존재가 될 것입니다. 저의 특별하고 진한 경험을 통해 아이를 키우고 생계를 위해 일하면서 자꾸 낮아지는 자존감을 추슬러야 하는 엄마들에게 지금 당신도 엄마로서 아주 멋지고 괜찮다는 이야기를 전하고 싶습니다.

　지금도 충분히 괜찮은 엄마, 맞습니다.

정미숙

제1장
엄마라서 이겨낼 수 있었다

정말 암이라고요?

평범한 저녁 시간을 보내고 있던 어느 날, 갑자기 아이를 낳을 때보다 더 심한 복통이 찾아왔다. 식은땀이 줄줄 흘렀다. 점점 심해지는 통증. 이러다 죽을 수도 있을 것 같다는 생각이 스쳤다. 야간 근무 중인 남편에게 전화했지만, 그때 출발해도 도착하려면 두 시간이 넘게 걸린단다. 30분 거리에 사는 친정 오빠에게 전화했다. 오빠는 바로 오겠다며 전화를 끊었다. 아이는 옆에서 한참을 울고 있었고 나는 복통을 이겨내며 화장실까지 겨우 기어가 구토와 설사를 했다. 울고 있는 아이를 안아 달랬다.

그로부터 한 달 전쯤부터 설사가 계속 멈추지 않아 병원에 방문한 적이 있었다. 장염이라고 진단받았었다. 모유 수유 중에도 먹을 수 있는 약이라며 처방받아서 먹었다. 그런데 약을 꽤 오래 먹어도 설사는 멈추지 않았다. 다른 병원으로 옮겨 검사했지만, 그곳에서도 똑같이 장염이라고 진단받았었다.

응급실 의사는 대장내시경을 제안했다. 당장은 어려우니, 날짜를 잡자고 했다. 안 그래도 며칠 뒤 친정 방문 예정이라 그쪽에서 대장내시경을 예약했다. 친정 아빠와 대장내시경을 하러 갔다. 하는 동안 아빠가 아이를 데리고 있기로 했다. 마취가 깬 후 의사를 만났다. 의사의 표정은 알 수 없었다.

"환자분, 아무래도 종양인 것 같습니다. 검사를 해봐야 알겠지만, 종양이 확실할 것 같습니다. 소견서를 써 드릴 테니 내일 당장 큰 병원으로 가시죠."

"선생님, 종양이면 암이라는 말씀이신가요?"

"네."

진찰실 밖의 6개월 된 아이의 울음소리가 들렸고 나는 암이란다. 믿을 수 없었다. 아무렇지 않게 진찰실을 나와 아이를 달래고 안아 주었다. 옆에 있던 친정 아빠가 소식을 듣고 바닥에 주저앉으셨다. 주저앉은 친정 아빠를 일으켜 세우는 것 말고 내가 할 수 있는 건 없었다.

집에 돌아와 오늘 들은 이야기들을 정리해 보았다. 나는 대장암이다. 모유 수유하는 6개월 된 아이가 있다. 내일 병원에 가면 오진이라고 할 수도 있다. 우선 내일 병원에 다녀온 후 다시 생각하기로 했다. 그때까지도 대장내시경을 하기 위해 먹었던 약 때문에 모유 수유를 할 수 없었다. 젖이 부족했던 아이가 계속 울었다. 아이를 달래느라 나 또한 다른 생각을 할 틈이 없었다. 큰 병원에 방문해 의사를 만났다.

"암이 맞습니다."

오진일 수 있겠다고 믿었던 어제는 눈물이 나오지 않았는데 그 순간에는 왜 그렇게 눈물이 흘러내리던지 흐르는 눈물은 조절이 되지 않았다.

"선생님, 우리 아이는 어떻게 되나요? 지금 6개월인데 모유수유했습니다. 저희 아이는 괜찮나요?"

혹여 아이에게 무슨 일이 생길까봐 두려웠다.

"어머님, 암은 전염병이 아닙니다. 아이는 괜찮습니다."

"그래요. 확실한가요? 정말인 거죠?"

아이가 괜찮다는 말에 안심했다. 나는 어떻게 되어도 상관없었다. 의사 선생님은 당장 수술해야 한다고 했다. 이미 상당히 진행된 것 같다고 했다. 모유 수유 중인 아이가 분유를 먹을 수 있도록 며칠만 시간을 달라고 했다. 진료실을 나와 남편에게 전화했다.

"여보, 나 대장암이래."

수화기 너머로 커다란 울음소리가 들린다. 신랑도 나도 그렇게 한참을 울었다. 나는 수술을 해야 한다. 6개월 된 아이를 품에 안고 오만가지 생각이 교차했다. 70세가 넘으신 친정 부모님께서 아이를 키워주시기로 했다. 줄곧 모유 수유를 해왔던 아이는 분유를 강력하게 거부했다. 엄마가 제 곁을 떠날 것을 알기나 하는 것처럼 나를, 더 꼭 안는 아이에게 참 많은 얘기를 했다.

"나의 사랑스러운 아가야, 엄마가 아파서 미안해 우리 아가 엄마가 수술 잘 받고 금방 올게. 대신 우리 아가 분유 먹으며 할머니 할아버지 삼촌과 잘 지내고 있어. 엄마는 우리 아가 잘해 내리라 믿어. 엄마가 많이 사랑해."

다음날 수술을 위해 병원으로 갔다. 6개월 된 아이는 밤새 엄마를 찾았다고 했다. 엄마가 입었던 옷을 잡고 우는 아이를 70세가 넘은 분들이 돌보기란 쉬운 일이 아니었다. 그 모습을 안타깝게 여긴 올케언니가 회복될 때까지 아이를 맡아 키워주기로 했다. 가족은 하나가 되었다. 아이는 외갓집을 떠나 낯선 삼촌 댁인 안산으로 가게 되었다.

남편은 직장 때문에 인천으로 올라갔다. 남편은 퇴근 후 매일 안산으로 가서 아이를 보았다. 아이는 우리의 걱정과는 달리 잘 먹고 잘 싸고 잘 자며 자신의 역할을 해내기 시작했다. 우리 세 식구는 떨어져 있었지만 자기의 자리를 지키며 힘든 시간을 이겨냈다.

입원해서는 여러 가지 검사를 받은 후 바로 수술 날짜를 잡았다. 불과 며칠 만에 암 판정받고 수술까지 해야 했다. 주치의 선생님이 오셨다. 상당히 젊은 선생님이셨다. 많이 진행된 상태인 3기 말에서 4기 초로 최악까지 생각해야 하지만 최선을 다하겠다고 하셨다.

의사 선생님이 다녀간 후 무섭고 두려웠다. 남편에게 의사를 바꾸고 싶다고 말했다. 그날 저녁 가족회의가 열렸다. 서울○○병원으로 갈지, 아니면 강릉○○병원에서 그냥 수술할지 고민스러웠다. 서울○○병원은 예약만 한 달이 걸린단다. 지금 진행이 많이 된 상태라고 하니 나는 수술을 기다리다 죽을 수도 있는 상황이었다. 젊은 사람이 암에 걸리는 경우 진행이 빠르다고 안다. 나이 드신 분들은 암 판정받고도 암 때문에 죽는 경우는 드물다고 했지만 젊은 사람들은 다르다고 했다.

살고 싶었다. 그래서 강릉○○병원에서의 수술을 결정했다. 다행히 암센터 센터장님이 소화기내과 선생님이셨다. 나이도 많으시고 인상도 좋

15

으셨다.

"선생님, 제가 3기 말에서 4기 초라고 하는데 수술하면 살 수 있나요?"

"환자분, 몇 기는 중요하지 않습니다. 1기라도 본인의 의지가 없으면 죽을 수도 있고, 4기라도 본인의 의지가 있으면 살 수 있습니다. 개복하지 않은 상태에서는 정확한 것은 아무것도 알 수 없습니다. 다만 환자분이 젊으니 너무 걱정하지 마세요. 제가 수술 두 시간 만에 끝내고 나오겠습니다."

확신에 찬 말씀이 눈물겹게 고마웠다. 의사는 환자를 안심시켜주고 단 1%의 성공확률이 있다면 함께 도전해 보아야 한다고 생각한다.

걱정했던 것과 달리 수술은 정말 2시간 만에 끝났다. 그때까지만 해도 모든 것이 해결된 줄 알았다. 하지만 2주가 되어도 나는 콧줄을 끼고 있었다. 친정 아빠는 점점 말라가는 나를 보며 어쩔 줄 몰라 하셨고, 의사 선생님을 찾아가셨다.

"아이가 점점 말라가고 있습니다. 어떻게 해야 하지 않습니까?"

의사는 다시 수술하자고 제안하셨다. 이번엔 4시간의 수술을 한다고 하셨다. 수술 방에 또 들어간다. 모든 사람의 슬픈 표정이 나를 보고 있다. 희망을 가득 안고 들어가지만 아이 사진을 보니 나의 의지와 상관없이 계속 눈물이 흘렀다. 4시간이 지났다.

수술 방에서 조용히 보호자를 불렀다. 남편은 갑작스러운 보호자 호출에 두려워 떨고 있었다. 도저히 혼자 들어갈 수 없었던 남편은 친정 오빠에게 함께 수술 방에 들어가 달라고 했다. 의사 선생님은 남편에게 계단을 올라와서 나의 배를 보라고 했다. 개복한 나의 작은 몸 안에 있던 장기를 아무렇지 않게 밖으로 꺼내며 인공항문을 달지 않으면 병원을 나갈 수 없을 것 같다고 했다.

선택의 여지가 없었고 남편은 인공항문을 달기로 했다. 친정 오빠는 내가 안정될 때까지 의사 선생님 말고는 아무도 이야기하지 말아 달라고 부탁했다. 내가 감당하기 힘든 것을 알았기 때문이다. 남편은 수술 방을 나오자 다리에 힘이 풀려 주저앉았다. 친정 오빠가 등을 토닥이며 울어도 된다고 하자 수도꼭지를 튼 것처럼 흘러내리는 눈물을 주체할 수 없었다. 남편은 어른들을 볼 자신이 없어 밖으로 나갔다. 친정 오빠가 가족들에게 내용을 전달했다.

눈을 뜨니 병실이었다. 통증이 심했지만, 나의 배에 무언가 있음을 느낄 수 있었다. 간호사에게 물었다. 아무런 대답이 없다. 가족들에게 물어도 대답이 없다. 뭘까 궁금했다. 회진 때 의사에게 물었다.

"개복을 해보니 장 유착이 심해서 대장 50cm, 소장 150cm를 잘랐습니다. 당분간은 인공항문을 사용하셔야 할 것 같습니다."

또 눈물이 흘러나오려 한다. 얼른 고개를 돌리고 혼자 있고 싶다고 했다. 그렇게 소리 없이 울었다. 가족들 앞에서는 울지 않았다. 나를 지켜보는 그들의 마음이 어떨지 알기 때문이다. 병원 입원 45일 만에 인공항문을 달고 집으로 돌아왔다.

그랬던 나는 지금 살아있고, 남편과 아이를 볼 수 있고 만질 수 있다. 또 나를 사랑하고 걱정해주던 가족이 있다.

지금은 가진 것에 집중할 시간이다.

암을 이겨내기 위해 이런 것도 했다

　항암치료를 하고 온 날이면 구토로 인해 변기 곁을 떠날 수 없었다. 씻을 때마다 한 움큼씩 빠지는 머리카락을 볼 때면 또 좌절했다. 머리카락을 밀고 싶지는 않았다. 환자로 보이는 건, 더 싫었다. 조금이라도 머리카락이 있어야 우리 아이가 엄마를 만났을 때 무서워하지 않을까 싶었다. 그렇게 나는 버티고 있었다. 항암치료는 필수가 아니라 선택이다. 효과는 단 10%밖에 안 되지만 그 10%가 내가 될 수 있다는 희망으로 선택했다. 의사 선생님은 체력이 많이 떨어진 나를 걱정하셨다. 우선 항암치료 전까지 몸을 회복해야 한다고 했다. 보신탕집을 추천해 주셨다. 보신탕을 먹던 날 특유의 비릿한 냄새가 코끝을 자극했다. 속이 더부룩한 느낌이었다. 나는 살기 위해 후추를 잔뜩 뿌려 억지로 먹었다. 단백질을 먹으며 체력을 회복했다. 단 영양식품은 모두 끊고 오로지 음식으로 몸을 회복했다. 드디어 항암치료를 하기 위해 다시 병원에 입원했다. 암 병동에 입원한 나는 깜짝 놀랐다. 암 환자가 이렇게 많을 줄은 상상도 못 했다. 6인실에 배정받고 자리에 앉았다.

환자분 한 명이 다가온다.

"안녕하세요. 출산 6개월 만에 암 판정받으신 분 맞으시죠?"

어떻게 나를 아는 걸까. 내 표정을 읽었는지 그녀는

"병원에서 유명해요. 다들 안타까워하고요. 다들 사연이 있지만 출산 6개월 만에 수술하고 얼마나 힘들었을지 알거든요."

그녀는 따뜻하게 안아주며 힘든 수술 잘 견뎌주어 고맙다고 했다. 그녀의 마음은 진심이었다. 같은 암 환자로서 그 마음을 알기에 전하고 싶었던 거다. 병실 사람들과 금방 친해졌다. 매일 2시간씩 항암을 맞고 나면 나머지 시간은 오로지 견디는 시간이다. 항암 부작용으로 구토와 어지럼증이 많았다. 같은 방 언니들은 그런 나를 살뜰히 챙겨주었다. 먼저 가본 길이라 알아서일까. 몸은 힘들었지만, 마음은 편안했다. 같은 고민을 안고 있는 그녀들이기에 더 솔직해질 수 있었다. 유방암 3기인 그녀는 사진을 꺼내어 보여준다. 사진 속 그녀는 풍성한 머리카락을 가지고 있었고 행복한 미소를 보인다.

"언니 정말 예쁘네요."

그녀는 멋쩍은 미소를 짓는다.

"지금은 항암치료 하면서 머리카락이 너무 빠져서 밀었어. 항암치료 끝나고 방사선치료를 하고 끝나면 추적 치료를 더 해야 해."

그녀의 표정이 무거워 보인다. 그래도 이렇게 살아 있고 내 소중한 가족을 볼 수 있어서 다행이라며 행복해한다. 학교 선생님인 또 다른 그녀는 전이가 되자 학교를 그만두고 지금은 대관령에 흙집을 짓고 치료를 위해 투병 중이다. 그녀의 피나는 노력에도 암은 더 퍼지고 있다. 그녀는 당당하게 말한다.

"지금 내 몸 상태를 잘 알고 있는 것이 중요해. 앞날을 준비할 수 있거든. 나쁜 거는 내가 다 가져갈 테니 그대들은 항암치료 잘 받고 잘 먹어."

그녀의 말속에는 슬픔 대신 자기 인생에 대한 확신이 보였다.

숙모의 안타까운 위암 말기 소식을 접하고 죽음이라는 것이 나를 덮칠까 싶어 무섭고 두려웠다. 친구들의 추천으로 온열 테라피를 시작했다. 온열 테라피는 몸의 체온을 높이고 몸의 순환을 도와주는 관리라고 했다. 몸의 순환이 이루어지고 있는지 눈에 보이지 않았지만 그렇게 3시간을 누워서 받고 나면 땀범벅이 되었다. 지금 생각하면 의미 없는 행동이지만 그 당시에는 무언가라도 하지 않으면 죽을 수 있다는 두려움이 나를 힘들게 했다. 주변에는 나의 사연을 듣고 건강식품 하시는 분들이 많이 찾아왔다. 몸에 밸런스가 무너져서 그런 거니 건강식품을 먹으면서 다시 몸을 만들자고 했다. 그렇게 여러 곳에서 추천하는 건강식품을 먹었다.

차가버섯은 숙모가 먹다가 주셨다. 분말이라서 60도 이하로 차를 타서 공복에 먹었다. 처음엔 쓴맛이 올라와서 요구르트, 주스, 우유에 섞어서 먹었다. 커피를 마시지 못하는 대신 하루에 1~2잔의 차를 마셨다. 마음이 편안해지면서 생각을 정리할 수 있어서 좋았다. 차 마시는 시간을 생각 정리 시간으로 정했다. 답답하거나 마음이 복잡할 때는 지금도 차를 마신다. 차를 다 마실 때쯤에는 생각이 정리되어 있어서 좋다.

발암물질을 억제해 주는 식이섬유를 섭취하기로 하고 검색해 본 결과 대한 대장 항문학회에서는 셀레늄 및 베타카로틴 성분이 풍부하게 함유된 양배추를 최고의 대장암 예방식품으로 꼽았다. 이후 양배추 찜, 양배추국, 양배추무침, 양배추샐러드 등 다양하게 섭취했다. 마늘은 장내에 서식하는 유익균을 증가시켜 주고, 장의 연동 운동을 활발하게 해주며 암세포 억제를 하는 장식품으로 최고로 꼽았다. 생마늘은 먹기가 어려워 흑마늘을 주문해서 먹거나 모든 음식에 마늘을 넣어 먹었다. 친정 아빠의 친구분이 암 6개월 판정받고 마늘을 한 접씩 먹으며 몇 년을 더 사시다가 돌아가셨다. 직접 본 아빠는 암에는 마늘이 최고라고 생각하셨다. 식이섬유 중 하나인 펙틴(대장암을 예방하는 유익한 지방산을 늘리고, 붉은색 사과에 풍부한 폴리페놀 성분은 대장 내에 머무는 동안 항암 물질 생산을 도와준다.)이 풍부하게 들어있는 사과는 아침에 꼭 챙겨 먹으려고 노력했다. 블루베리, 포도, 가지에 함유된 안토시아닌 성분이 항산화, 항암효과에 좋다고 해서 즐겨 먹었다. 이처럼 다양한 색깔의 음식을 골고루 섭취하는 것이 좋음을 알기에 식단을 짤 때도 여러 색깔의 음식을 먹을 수 있도록 준비했다.

지금 돌이켜보면 그 당시 불안했던 마음에 여러 가지를 시도했지만, 결론은 세 가지다. 좋은 생각과 운동, 음식이다. 스트레스받을 상황을 최소한으로 줄이고 자신의 마음을 보자 예민했던 성격이 줄었다. 매일 걸으면서 건강해지자 몸의 균형이 잡혀 가벼워졌다. 식이섬유가 많은 음식을 골고루 섭취하면서는 변이 건강해졌다. 요즘도 변 상태를 수시로 확인하며 내 몸을 관리한다. 좋지 않으면 음식 섭취에 문제가 있음을 인지하고 건강식으로 바꾼다. 엄마의 달라진 식습관은 가족의 식습관을 잡아줬다. 편식이 있는 아이를 위해 여러 가지 방법으로 음식을 주자 편식 습관이 줄어들었다. 12살이 된 아이는 자신만의 음식 기준이 생겼다. 양배추는 쪄 먹을 때 가장 맛있고, 무침에는 들기름을 듬뿍 넣어야 한다. 비빔밥에는 당근, 호박, 고기, 계란만 넣었을 때 가장 맛있다. 이때 미역국이 빠지면 절대 안 된다며 메뉴를 고를 때에도 자기 생각을 어필했다. 국수를 먹을 때는 고기와 함께 먹어야 부족한 영양소를 채울 수 있다는 아이. 다양한 음식을 섭취해 보면서 아이는 자신만의 건강식을 찾고 자신이 좋아하는 것과 싫어하는 것을 구분하게 되었다. 아이는 싫어하는 음식을 어떻게 먹어야 하는지를 알고 있다. 나의 건강을 지키기 위해 한 노력이 가족을 살리고 있다. 모든 것은 나부터 시작되는 것이다.

자연에는 각자의 색깔이 있다

옛날 어른들 말씀이 아이는 흙을 밟고 자라야 한다고 했다. 그때는 그 말을 이해하지 못했지만 아프고 나서 어떤 뜻으로 했는지 알겠다. 매일 산에 오르며 흙을 밟자 숲이 주는 그늘의 시원함에 감탄했다. 더운 여름 날 나무 밑에 있자 바람에 흔들리는 나무들이 나에게 말을 걸었다. '힘들지 않니? 오늘도 왔네. 잘하고 있어. 너를 응원해. 내일도 보고 싶다.' 정상에서 한참 마을을 내려다보면 걱정도 답답함도 잊을 수 있었다. 그저 시간이 멈춰버린 것 같았다. 오빠는 나를 살핀다. 말없이 풍경을 보는 동생이 어떤 생각을 할지 알 것 같은 미소를 짓는다. 다시 살아가게 된 삶을 마음껏 담고 있었다. 그동안 바쁘다는 핑계로 지나쳤던 자연과 충분히 친해지고 있었다.

남편과 함께 해돋이를 보러 갔다. 경포대에 서서 오 리 바위, 십 리 바위를 바라보며 우리의 삶을 다시 되돌아본다. 필름처럼 지나가는 시간을 보니 왈칵 눈물이 쏟아졌다. 남편도 자기 삶을 떠올려 본다. 왠지 쓸쓸해 보인다. 그렇게 한참 동안 해가 떠오르는 광경을 아무 말 없이 바라보았다.

남편이 말을 꺼낸다.

"앞으로 우리 더 많이 행복해지자. 내가 더 잘할게. 살아줘서 고마워."

참 따뜻한 말이다. 백사장을 걸으며 우리의 추억을 떠올리자 아프면서도 행복했다. 우리 부모님들도 우리처럼 많은 고난을 겪으며 어른이 되었을 생각을 하니 조금 어른이 된 기분이다. 바다 내음이 코끝에 닿자 왠지 힘이 났다. 앞으로 뭐든지 잘 될 것 같은 기분이 들었다. 파도가 내 발을 적시며 한번 믿어 보란다. 내가 의심하는 눈치면 강한 파도를 보내 나의 다리를 더 많이 적신다. 믿겠다고 하자 바다는 다시 잔잔해졌다.

유난히 아이가 보고 싶은 날이다. 지금쯤 곤하게 자고 있을 아이가 생각나 쉽게 잠이 들기 어려웠다. 밤하늘에 동그란 달이 꼭 아이 얼굴 같았다. 곧 있으면 엄마 품으로 올 아이를 생각하자 설레기도 하고 걱정이 되기도 했다. 아이를 지킬 수 있을까 체력이 내 맘 같지 않게 느린 속도로 늘고 있었다.

아이가 보고 싶은 날은 밤하늘을 보며 달님에게 말을 걸어보았다.

'우리 아가 밤새워 뒤척이지 않고 편안하게 자게 해 주세요. 우리 아가 아프지 않게 해 주세요.' 방에 다시 들어와도 잠이 쉽게 오지 않았다. 남편이 보내준 사진과 동영상을 보며 그날의 느낌을 고스란히 육아일기에 적었다. 글 속에는 함께 하지 못한 미안함과 잘 지내주는 고마움, 아이의 발달하는 모습을 보지 못하는 아쉬움이 담겼다.

비가 오는 날은 운동을 가지 못했다. 오빠와 함께 우산을 쓰고 동네 한 바퀴를 걸었다. 손바닥을 펼쳐 손을 내밀자 비가 손바닥에 떨어졌다. 시원하다. 신난다. 들뜬다. 어릴 적 비 오는 날이면 비를 맞으며 술래잡기하던 생각이 났다. 행복해서 가슴이 터질 것 같았던 기억이 떠오르자 아무 생각 없이 비를 맞아보고 싶었다. 아직은 감기도 걸리면 안 되는 몸 상태라 그저 손의 느낌만으로 대신했다. 아이와 함께 비를 맞으며 술래잡기할 생각을 하니 벌써 설레고 행복해진다.

아이가 내 품으로 돌아왔다. 그새 얼마나 많이 자랐는지 아이는 걸어 다녔다. 아이와 놀이터에 나갔다. 아이는 아픈 엄마가 자기 뜻대로 해주지 못하자 자꾸만 삼촌에게 갔다. 그러다 넘어지기라도 하면 삼촌이 아닌 엄마를 찾아 달려왔다. 아이는 안다. 엄마의 존재를 말이다. 누구보다도 자신이 믿을 수 있는 존재가 엄마라는 사실을 인지하고 있는 아이는 나를 보며 애교를 부리기도 하고 웃어주기도 한다. 그 아이를 통해 나는 또 힘을 낸다. 아이를 지켜줄 수 있는 엄마가 되기 위해 매일 걷고 또 걸었다.

아이는 자연에 관심이 많았다. 놀이터에서 놀며 꽃을 관찰하고 개미를 관찰했다. 놀이기구보다 주변에 있는 나무에 달린 열매를 보며 어제는 하나만 열렸는데 오늘은 두 개 열렸다며 좋아했다. 아이의 관찰력 덕분에 엄마도 자연을 유심히 본다. 요즘엔 사진을 찍어 앱에 올리면 꽃 이름, 나무 이름을 쉽게 알 수 있다. 꽃과 나무에도 자신과 같이 이름이 있다는 사실에 아이는 좋아한다.

"겨울이는 이름을 불러주면 기분이 어때?"

"좋아. 난 내 이름이 너무 좋아."

"꽃과 나무도 자신의 이름을 불러주면 기분이 좋아서 더 예쁘게 자라. 겨울이가 엄마 아빠의 사랑을 받고 예쁘게 자라는 것과 같아. 불러주고 관심 가져 주면 더 멋진 어른으로 자랄 거야." 아이는 조용히 꽃 이름을 불러 본다.

"아그배나무야, 안녕."

아이와 자연 관찰 책을 읽으며 철쭉과 진달래를 구별해 본다. 꽃만 있으면 진달래꽃이고, 잎과 꽃이 같이 있으면 철쭉이다. 진달래 꽃말이 '사랑의 기쁨'이라 더 좋다. 내가 가장 좋아하는 후리지아의 꽃말은 정말 다양하다. 흰색 후리지아의 꽃말은 '신뢰와 순수함'을 상징하고, 분홍색 후리지아 꽃말은 '어머니의 사랑'을 상징하고, 노란색 후리지아 꽃말은 '기쁨과 우정'을 상징한다.

아이와 밤하늘을 바라보던 날 아이가 소리친다. "엄마 저것 봐. 별이 엄청 많아!" 아이는 반짝반짝 빛나는 별이 하늘 위에 많이 보이자 너무 행복해했다. "별이 많은 다음 날은 날이 맑대" 아이의 눈도 별처럼 반짝거린다. 새로운 사실을 알게 되어 기쁜가 보다. 아이와 가족 별자리를 찾아보았다. 아빠는 전갈자리, 엄마는 황소자리, 아이는 사수자리. 아이의 눈이 커진다. 국자 모양의 북두칠성을 찾은 기쁨에 폴짝폴짝 뛴다. 아이는 이렇게 자연과 함께 자랐다.

아이의 애칭은 겨울, 엄마의 애칭은 봄, 아빠의 애칭은 가을이다. 아프지 않았다면 여름이까지 4명이길 바랬지만 나의 바람은 이루어지지 않았다. 대신 우리는 매년 여름이를 만나러 바다로 갔다. 친정이 바닷가 근처이다 보니 산보다 바다를 좋아한다. 엄마의 영향을 받아서일까 아이도 바다를 참 좋아했다. 수영은 못하지만, 파도타기를 즐겼다. 파도와 술래잡기를 할 때면 시간이 멈춰 버린 것처럼 아이의 웃음소리만 들렸다. 서핑보드를 타며 바다와 하나가 되어 보기도 했다. 어른들은 바다를 좋아하면서 수영장에서 물을 두려워하는 아이가 마냥 신기하다고 하시지만 엄마는 안다. 아이는 수영보다는 바다놀이가 좋은 거다. 모래성을 쌓고, 소꿉놀이하고 조개 잡기 하는 것이 재미있는 거다. 아이는 잠수해서 조개를 잡지 못하지만, 발가락으로 조개를 잡는 신기술도 터득해 자기만의 바다놀이를 즐긴다. 매년 여름이면 바다와 놀 생각에 날짜만 세고 있는 아이의 얼굴 가득 행복함이 보인다.

이처럼 자연은 우리 가족에게는 특별하다. 나를 위로했고, 내 아이를 웃게 했다. 가족이 떨어져 있어도 밤하늘을 보며 서로를 생각했다. 반짝이는 별을 보며 하나가 되는 기쁨을 가르쳐 주었다. 자연은 우리에게 작은 것들의 소중함을 온몸으로 알려주었다.

고집의 승리

평범했던 엄마는 어느 날 암 판정받고 3번의 수술을 한다. 음식이 내려가지 않아 인공항문을 달고 집으로 돌아왔다. 대장, 소장의 길이가 일반인보다 짧아진 나는 자주 대변을 보았다. 인공항문에서 수시로 대변이 나온다. 일반인의 변과 다르게 설사처럼 나왔다. 밤에 잠을 자다가 새어서 이불이 엉망이 되는 날이 늘어날수록 당당하던 엄마는 찾아볼 수 없었다. 다른 사람들과 같이 있으면 괜히 냄새가 날까 싶어 자리를 피하게 되었다. 인공항문 주머니에 대변이 차면 새 걸로 갈아 주어야 하다 보니 외출이 싫었다. 아무리 자주 갈아도 똥 냄새가 몸에 배어있다. 모두 나를 안타까운 시선으로 쳐다봤다.

이대로는 살 수 없을 것 같았다. 아이와 남편과 떨어져 있다 보니 더 우울했다. 어디에 집중하지 않으면 미쳐버릴 수도 있을 것 같다는 생각이

들었다. 인터넷을 검색하고 또 검색했다. 보육교사 자격증을 따기로 했다. 매일 강의를 들었다. 강의를 듣다 보면 시간이 금방 흘러갔다. 힘들어도 운동을 게을리하지 말라는 의사 선생님의 말씀대로 매일 운동을 했다. 어린 동생이 안타까웠던 오빠는 매일 함께 운동했다. 처음 5m도 안 되는 거리를 걸어가지 못하고 배를 움켜잡고 길가에 주저앉아 울던 동생을 일으켜 세워준 사람이 오빠다. 매일 오빠와 함께 운동하다 보니 배에도 살이 붙었다. 항암치료를 이기기 위해 건강 음식을 배달하던 사람도 오빠다. 그렇게 오빠와 나는 매일 산에 갔다.

처음 뒷산에 올라갔을 때 청설모와 다람쥐가 나와서 반겨주었다. 작은 생명을 보는 게 좋았다. 떨어진 밤송이를 발로 까서 주어왔다. 나를 걱정해 주는 사람들에게 인증샷도 보냈다. 나의 일상에는 많은 변화가 생겼다. 공부를 하고 매일 산에 올랐다. 내 마음이 안정되자 꽃들도 보였다. 보라 꽃, 노란 꽃, 하얀 꽃 등 이름 모를 꽃들을 보며 나는 점점 편안해졌다. 인공항문을 병원에서는 '장루'라고 부른다. 장루에게 '루루'라는 이름도 지어주었다. 이름을 지어주자 왠지 친근한 느낌이 들었다.

그때부터 루루는 나의 친구가 되었다. 매일 아침 일어나면 "루루 오늘도 잘 부탁해." 하면서 인사를 했다. 변화된 나를 보며 남편은 "당신은 참 강한 사람이야, 긍정적인 사람이기도 하고 어떻게 이름을 지어줄 생각을 한 거야." "꼭 함께해야 한다면 생각을 바꿔보기로 했어. 그랬더니 마음이 좀 더 편안해지고 우울하던 것도 줄었어."

남편은 잘했다면 나를 꼭 안아 주었다. 아마도 남편은 살기 위해 노력하는 내가 고맙기도 하고 안쓰럽기도 했을 거다. 그렇게 나와 루루는 8개월을 함께 했다. 루루를 가는 것도 수월하고 악취가 나는 것도 나름 요령이 생겼다. 이제 다시 예전의 일상으로 돌아가고 싶었다. 헐렁한 옷이 아닌 예쁜 옷을 입고 싶었다. 당당했던 내 모습이 그리웠다. 선생님께 어떻게 말씀드릴까 고민하며 병원에 방문했다. 조심스럽게 말을 꺼냈다.

"선생님 복원 수술을 하고 싶은데 가능할까요?"

"환자분은 장 유착이 심해서 3년 후에나 하시는 게 좋을 것 같습니다."

"선생님 배를 열었다가 다시 닫아도 좋으니 시도라도 해주시면 안 될까요. 3년은 못 버틸 것 같아요. 제발요."

한참 동안 침묵이 흘렀다.

"좋습니다. 상황이 안 좋으면 인공항문을 다시 달고 나올 수 있습니다."

아무래도 괜찮았다. 뭐가 되더라도 시도하고 싶었다. 로비에는 희망 트리가 있었다. 종이에 "다시 예전으로 돌아가게 해주세요. 다신 욕심내지 않을게요."라고 적고 트리에 달았다.

수술하는 아침 아빠가 싱글벙글 웃으시며 들어오셨다. 아빠 손에는 보라색 예쁜 화분이 있었다. 수술 잘되라고 준비하셨다고 했다. 아빠 마음이 어떨지 느껴졌다. 태어나 처음으로 아빠에게 꽃을 선물 받은 날이다. 아빠는 주차장에서 좋은 일이 있었다고 하셨다. 주차 공간이 없어서 어디에 주차해야 하나 걱정하면서 들어왔는데 바로 앞에서 차가 빠졌고 늦지 않게 병원에 왔다고 하셨다. 수술 잘될 거니깐 아무 걱정하지 말라고 하셨다. 아빠가 나보다 더 떨리고 걱정되는 것 같았다.

아빠의 간절한 바람 덕분이었는지는 모르겠다. 수술은 4시간 만에 끝났다. 마취가 깨고 손을 조심스럽게 배에 가져갔다. 루루가 없다. 마취가 깨면서 찢어질 듯한 통증이 있었지만 참을 수 있었다. 다시 예전으로 돌아갈 수 있다는 생각에 눈물이 하염없이 얼굴로 흘러내렸다.

나의 고집이 나를 살렸다. 3년 동안 루루와 함께했다면 나는 어떤 삶을 살고 있을까. 모든 일에 조심스럽고 두려워하며 아무것도 못 했을 거다. 나의 고집스러움이 한 사람만 살린 게 아니라 아이와 남편까지 살린 거다. 엄마가 아무것도 의욕이 없다면 아이 역시 의욕 없이 살지 않을까? 세상이 나를 향해 움직이는 것 같았다. 뭐든지 할 수 있을 것 같았다. 희망 트리가 마법을 부린 게 아닌가 싶은 생각까지 들었다. 감사하며 사랑하며 살겠다고 다짐했다. SNS에 "루루 그동안 고마웠어."라는 글을 남겼다. 다들 내 일처럼 기뻐해 주었다. 모두가 하나가 되어 기도했던 거다. 정말 기적 같은 일이 내게 생겼다. 간절히 원하면 이루어진다.

복원 수술 후 금방 일상으로 돌아갈 것 같았던 생각과 달리 나의 항문은 힘들어했다. 자주 대변이 나와서 속옷에 실수하는 횟수가 늘었다. 패드를 붙이고 생활했다. 환우회 카페(비슷한 질환을 앓고 있는 분들의 모임)에 가입해서 후기를 꼼꼼히 읽어 보았다. 대변이 제대로 나오지 않아 다시 인공항문을 달았다는 우울한 이야기들이 많았다. 덜컥 겁이 났다. 다시 인공항문을 달고 생활하고 싶지 않았다.

장에 해가 되는 음식은 모두 끊었다. 채식 관련 책을 구입해 식단을 짰다. 조미료를 최소화하고 자연 본연의 맛으로 먹는 음식도 생각보다 맛이 좋았다. 그래서였을까 항문은 조금씩 단단한 대변을 보내고 있었다. 운동과 식단 조절만이 나를 살릴 수 있다고 생각하면서 꾸준히 했다. 몇 달 후 나는 건강한 변을 볼 수 있었다. 다시 항문이 제 기능을 한 것이다. 수술 후 정상적인 기능을 하지 못하던 항문 때문에 힘들었지만 포기하지 않고 노력한 결과 다시 보통 사람이 되었다.

당당하고 멋진 엄마로 두 번째 인생을 살아가려 한다. 아이도 남편도 활짝 웃는다.

꼭 듣고 싶은 말, 괜찮습니다

지금도 나는 매년 병원에 간다. 재발 위험이 있다 보니 긴장을 늦추면 안 된다. 대장내시경을 할 때는 비 수면으로 한다. 약을 섞어 2L의 물을 마신다. 장 속은 분홍빛으로 아주 깨끗했다. 가끔 보이는 음식 찌꺼기들이 있으면 혹시 못 보고 지나가는 종양이 있을까 봐 걱정된다. 의사 선생님은 내 마음을 알기라도 하는 것처럼 친절하게 설명해 주신다. 찌꺼기가 있으면 물을 뿌리며 보기 때문에 염려하지 말라며 안심시킨다. 작은 무언가가 보인다. 의사는 이리저리 움직여 보고 사진을 찍는다. 종양으로 의심되지는 않지만 한번 검사는 해보겠단다. 이렇게 무언가가 보였던 날이면 발걸음이 무겁다. 검사 결과가 나올 때까지 우울한 기분이 지속된다. 다른 거에 집중하려고 해도 자꾸만 생각이 난다. '괜찮겠지. 괜찮을 거야' 자기만의 주문을 걸면서 기다린다.

다시 찾은 병원에서는 "괜찮습니다." 이 다섯 글자가 1년을 살게 한다. 그 말을 듣고 온 날이면 다시 행복해진다. 뭐든지 할 수 있을 것 같은 기분이 들면서 나의 손도 바쁘게 움직인다. 가족들이 좋아하는 음식을 만든다. 오늘 메뉴는 모양도 예쁘고 건강 음식인 밀푀유나베를 선택했다.

이번엔 유난히 가스가 많이 찼다. 가슴 통증도 느껴졌다. 불길한 예감을 떨쳐버릴 수 없었다. 병원을 찾아 여러 검사를 했다. 가슴에 작은 물혹이 발견되었다. 커지지만 않으면 괜찮지만 커지면 종양이 될 수 있다는 말에 다리에 힘이 풀렸다. 많은 가족의 얼굴이 지나갔다. 병원 로비에 앉아서 흘러내리는 눈물을 닦아냈다. 의사가 한 말을 다시 되뇌어 본다. '커지지만 않으면 괜찮다. 괜찮다. 괜찮다. 괜찮다. 괜찮은 거다.' 아직 아무 일도 일어나지 않았는데 혼자 또 겁을 낸 거다. 눈물을 닦고 다시 일어섰다. 확실하지 않은 거에 힘들어하지도 흔들리지도 말자며 나를 다독인다.

검사 결과를 듣기 위해 찾은 병원에는 환자들이 많다. 이렇게 암 환자가 많다는 사실에 놀라울 뿐이다. 오랜 기다림에 주위 앉은 사람들과 이야기를 나누었다. 유방암 1기인 그녀는 아들이 간호과를 다니며 자가 진단을 배우고 온 날 엄마의 가슴을 만져보고 이상하다며 검사받기를 권했단다. 그렇게 유방암을 발견했다며 행복한 미소를 짓는다. 아들이 평생 할 효도는 다 했다며 고마움을 표현했다.

40대의 폐암에 걸렸던 그녀는 건강하게 20년을 살다가 구강암에 걸려 찾았다고 한다. 그녀의 표정은 아주 편안해 보였다. 이제는 암에 걸려도 괜찮다고 말하는 그녀를 보며 우리는 웃지도 울 수도 없었다. 폐암에 걸린 그녀는 남편이 그렇게 담배를 자주 피웠는데 남편은 안 걸리고 자신이 걸렸다면서 알 수 없다는 표정을 지어 보였다. 아내가 암에 걸리자 남편도 덜컥 겁이 났는지 담배를 끊었다는 말에 우리는 잘했다며 그를 응원했다.

한 명이 아프면 다른 한 명은 건강해야 가정이 흔들리지 않는 걸 안다. 건강은 건강했을 때 지키는 거다. 한번 무너진 면역력을 되돌리기에는 많은 시간과 노력이 필요함을 절실히 느낀 사람들이 여기 있기에 우리는 그저 고개만 끄덕였다. 유방암에 걸린 지 10년째인 한 엄마는 아이가 벌써 대학생이 되었다고 한다. 힘들었던 항암치료를 이겨내고 방사선치료까지 지금까지도 이렇게 약을 먹으면서 버티고 있단다. 살아 숨을 쉬는 것만으로도 행복하고 감사하다는 그녀는 환한 미소를 지었다. 남들과 다른 삶을 10년간 살았지만, 그녀는 삶의 소중함을 안다. 그녀가 보내는 미소가 어떤 말을 하는지 알기에 환한 미소로 마음을 전했다. '건강하게 아이가 결혼할 때까지만 살게 해 주세요' 같은 마음일 거다.

백혈병을 앓고 있다는 그는 참 힘들어 보였다. 갑자기 쓰러졌고 진행은 많이 되어 약을 먹고 하루하루를 버티는 방법밖에 없었다고 한다. 6개월 판정받았던 그가 벌써 5년째 살고 있다며 멋쩍은 웃음을 보인다. 처음 만난 그지만 살아 있어서 너무 감사했다. 앞으로 100살까지 살 거라는 말에 손사래를 치지만 그의 바람도 실은 아이가 결혼할 때까지라도 살아있기를 바랄 거다. 왜 다들 결혼할 때까지일까. 아마도 결혼하면 부모의 역할을 다했다는 안도감일 수도 있겠다.

나이를 먹을수록 다른 신체에도 이상이 생긴다. 생리통이 없던 내가 마흔이 넘으면서 생리통이 심해졌다. 양이 많은 날이면 아무 일도 하지 못할 정도로 통증이 심해졌다. 한번은 통증이 너무 심해 산부인과에 갔다. 의사 선생님은 생리 중에는 검사를 할 수 없다며 진통제만 처방해 주고 돌려보냈다. 다시 찾은 병원에서는 자궁근종이 있었는데 오랫동안 변이가 되었다고 했다. 통증이 더 심해지면 수술을 할 수도 있다고 했다. 지금 당장 수술하기에는 그러니 좀 더 지켜보자고 했다. 매년 병원에 가야 하는 곳이 또 생겼다.

나는 30대보다 40대가 더 좋다. 30대에는 결혼도 하고 세상에서 가장 소중한 아이도 낳았지만 암 판정으로 힘든 시기를 보내서일까 빨리 나이를 먹고 싶었다. 40대가 되자 아이도 많이 자랐고 나의 삶도 여유가 생겼다. 마음의 여유는 돈을 주고도 살 수 없다. 마음의 여유는 생각의 자람이다. 처음 신혼집을 구할 때는 생활의 편의시설이 갖추어진 곳을 선호했다. 지금은 숲이 있는 곳을 선호한다. 이처럼 자연과 함께 살 수 있는 삶이 더 풍요로움을 알게 되었다.

삶을 지속하기 위해 매년 병원에 방문해 "괜찮습니다." 다섯 글자를 듣고 오면 1년을 살아갈 힘이 생긴다. 매년 삶을 허락받고 사는 사람들은 시간이 주는 기쁨을 안다. 사랑하기에도 부족한 시간 오늘은 사랑하는 가족의 얼굴을 마음깊이 담아본다.

무지개다리를 건너간 사람들

그녀를 만난 것은 내 나이 7살 때다. 내 눈에 비친 그녀는 머리가 아주 길고 공주처럼 예뻤다. 그녀는 이후 나의 숙모가 되었다. 숙모는 언제나 나에게 긍정의 말과 사랑스러운 미소를 보냈다. 그래서였을까 나는 숙모를 참 좋아했다. 암 판정받고 입원해 있을 때 괜찮을 거라며 나의 손을 꼭 잡아주던 사람이 숙모다. 집안에서 가장 나이가 어린 내가 암이라는 소식에 모든 친척의 충격을 감출 수 없었다. 모두 대장내시경 검사를 했다. 어느 날 친정 아빠에게서 숙모의 위암 말기 소식을 들었다. 온몸에 암세포가 번져 수술을 할 수 없다는 말에 얼마나 울었는지 모른다. 솔직히 무서웠다. 내가 사랑하는 사람이 내 곁을 떠날까 봐.

몸을 회복하고 숙모의 병원을 찾았다. 예뻤던 숙모는 찾아볼 수 없었다. 괜찮다며 애써 웃어 보이는 숙모가 어떤 마음인지 느껴졌다. 살이 너무 많이 빠진 숙모를 보며 쏟아지려는 눈물을 겨우 참았다. KTX를 타고 올라오면서 참 많은 생각을 했다. 암 판정받고 나는 수술을 하고 이렇게 일상으로 돌아왔지만, 또 누군가는 아직도 그 어둠 속에서 힘든 시간을 보내고 있다. 쉰이라는 나이에 생의 마감을 준비해야 한다. 얼마나 아쉽고 억울할까. 단 한 번도 자기 삶이 이렇듯 일찍 끝나버릴 거라고는 생각하지 못했을 거다.

숙모는 작은 아빠가 퇴직하시면 고향으로 내려와 감자탕 가게를 열기로 하셨다. 몇 해 전 가게로 쓸 땅, 건물을 사 놓으셨었다. 숙모에게는 두 명의 아들이 있다. 25살인 큰아들은 대학 졸업 후 직장생활을 시작했다. 22살인 둘째 아들은 군대에 있었다. 숙모는 자기 삶이 얼마 남아 있지 않음을 인지하고 군에 있는 아들에게 알리지 말라고 했다. 아들이 너무 힘들어할 것을 알기 때문이다. 제대가 얼마 남아 있지 않은 아들이 집으로 돌아오면 이야기해주고 싶다고 하셨다. 엄마는 죽음을 눈앞에 둔 순간에도 자식이 아파할 것을 걱정한다. 숙모는 1년여의 투병 생활 후 세상을 떠났다.

숙모의 마지막 말이 귓가에 맴돈다.

"세 식구 서로 사랑하며 행복하게 살아. 그러기에도 시간이 부족하더라."

남편에게는 형이 한 명 있다.

쑥스러워하는 평소 성격을 이기고 우리 아이에게만큼은 많은 걸 표현했던 분이다. 베트남에 파견 나가 있던 아주버님께서 나의 투병 소식을 들고 한국에 들어오셨다. 수술비에 보태 쓰라며 내밀었던 돈 봉투. 아직도 고맙게 생각한다.

그렇게 다시 베트남으로 돌아가신 지 1년 후 갑작스러운 소식을 들었다. 아주버님이 돌아가셨단다. 병명은 심장마비. 회사에서 체육대회를 하고 술을 마신 상태에서 에어컨을 틀고 자다가 새벽에 사망한 거다. 곁에 누군가 흔들어 깨워 줄 사람만 있었어도 마흔이라는 나이에 삶을 마감하게 되는 일은 없었을 텐데. 죽음을 예상하지 못하고 그렇게 열심히 살았던 아주버님은 젊은 나이에 생을 마감하고 말았다.

함께 있던 남편은 오열했다. 나의 단 하나뿐인 형이 죽었다는 사실은 얼마나 큰 충격일까. 나의 암 소식을 들었을 때랑은 달랐을 거다. 보고 싶어도 볼 수 없는 이 세상 하나뿐인 형.

남편은 베트남으로 형의 시신을 가지러 갔다. 베트남법과 한국법이 달라서 시신을 갖고 오기까지도 시간이 꽤 걸렸다. 한국에 돌아와 장례식을 치르는데 아이가 귤과 초코파이를 들고 뛰어간다.

"큰아빠 잘 가. 가다가 배고플 때 먹어."

장례식장에 있던 모든 사람은 또 울었다. 아이는 큰아빠가 긴 여행을 떠났다는 것을 안다.

형을 잃은 슬픔에 남편은 자주 멍한 상태가 되었다. 그럴 때마다 내가 할 수 있는 것은 어떤 위로의 말보다 한 번의 포옹임을 알기에 꼭 안아 주었다. 남편은 형이 미치도록 보고 싶어 견디기 힘든 날이면 우리가 잠든 후 혼자 형제가 나오는 영화를 보는 게 남편의 일과였다. 형을 잃고 주인공의 마지막 대사 "우리 형이요"라는 말을 들으며 남편은 마음껏 울었다.

사랑하는 사람이 내 곁을 떠났을 때 못했던 것보다 그 사람과 나누었던 좋은 기억을 남겨 주기 위해 우리는 매일 노력하며 하루하루를 살아가고 있다.

오늘은 유난히 보고 싶은 사람이 많은 날이다.

친구가 단톡방에 글을 남겼다. 대학 동기인 언니가 난소암 말기로 죽었다고 했다. 스트레스받지 말고 건강하자는 말도 함께였다. 언니는 서울에서 공방을 하다가 엄마가 아프셔서 고향 집으로 내려왔다. 공방을 운영하면서 대학으로 강의도 나가고 틈틈이 작품을 만들었다고 한다. 언니는 통증이 올 때마다 약국에서 진통제만 사서 먹었다. 작업을 하면서 낮과 밤이 바뀐 생활을 오래 했던 것 같다.

그러다 갑자기 통증이 심해져 구급차를 타고 병원으로 가던 중 사망했다고 한다. 언니에게는 초등학교 6학년인 아들이 하나 있다. 갑자기 엄마를 잃은 슬픔을 어떻게 감당할까. 아내의 갑작스러운 죽음으로 남편 또한 많은 후회를 하고 있다고 했다. 따뜻한 말 한마디를 건네지 못했던 것에 말이다. 친정 아빠도 딸을 먼저 보내고 아픔을 이겨내지 못하는 것을 보고 안타까웠다고 했다.

언니와 함께했던 기억이 떠오른다. 대학교 근처 언니 집에 간 적이 있다. 미술용품이 많았고 고양이 2마리를 키우고 있었다. 언니가 맛있는 밥을 사줬던 기억이 난다. 그 이후 볼 수는 없었지만, 언니의 소식은 나에게 다르게 다가왔다.

처음 암 판정받고 왜 하필 나에게 이런 일이 생겼을까 힘들었던 시간이 떠올랐다. 언니는 그런 고민도 할 시간 없이 구급차를 타고 응급실에 가다가 사망한 거다. 자기 삶을 정리할 시간도 없이 바쁘게 살아만 간 한 엄마이자 아내이자 딸이자 여자였다. 언니는 알까? 자신이 너무 완벽해지려 했다는 것을 말이다. 여유를 갖고 쉬어가면서 살아도 괜찮았는데 누가 그녀를 그렇게 채찍질했을까 싶다.

40대가 넘어가면 내 몸은 많은 신호를 보낸다. 그 신호를 절대 무시하면 안 된다. 그걸 무시하면 사랑하는 사람을 볼 수 있는 시간이 줄어들 수 있다. 언니는 그 신호를 가볍게 여겼고 그 가벼움이 자신의 사랑하는 사람들과 이별을 만들었다. 모두가 사랑하는 사람들과 오래 함께했으면 좋겠다.

매일 일상을 살아가면서 가장 중요한 것을 잊고 살아가는 사람들이 많다. 서로 사랑하며 살아가는 것 말이다. 사랑해서 결혼했고, 사랑해서 아이를 낳고 사랑해서 미래를 꿈꾼다. 근데 어느 순간 사랑이 집착과 욕심으로 변해 버렸다. 사랑한다는 이유로 아이를 길들이려고 하고 내 맘대로 하고 있다. 잠시 멈출 필요가 있음을 느낀다.

오늘은 유난히 숙모가 그리운 날이다.

누군가는 간절히 원하던 하루

내가 사는 오늘이 무지개다리를 건너간 사람들이 그토록 간절히 바라던 하루였을지도 모른다는 생각에 눈가가 촉촉해졌다. 그렇게 소중한 하루를 나는 어떻게 보내고 있을까 잠시 생각해 보았다. 오늘 하루를 모두 기록해 보기로 했다.

엄마의 하루

4시 반에 눈을 뜬다. 무거운 몸을 이끌고 자리에서 일어나 거실로 나간다. 시원한 물 한잔을 마시고 창문을 연다. 오늘은 정말 더울 듯 안개가 끼었다. 컴퓨터 앞에 앉아 화면만 쳐다본다. 어떤 글을 쓸까. 손이 움직이는 대로 내버려 두었더니 A4 한 장이 채워졌다. 띄어쓰기, 맞춤법을 확인하고 고쳐 쓰기를 여러 번 반복했다. 시간은 벌써 7시다. 어젯밤 아침 7시에 꼭 깨워달라는 딸아이 부탁이 생각났다. 볼에 뽀뽀하며 살짝 속삭인다. "

아침 7시에요. 공주님!" 아이는 힘겹게 눈을 뜬다. 기지개를 여러 번 한 후 일어나는 아이.

아이가 일어난 걸 확인 후 주방으로 간다. 아침 메뉴는 가자미구이, 파프리카, 된장국이다. 아이가 식탁에 앉는 시간은 7시 40분. 영어 동화책 3권을 읽어준다. 오늘은 수업이 있는 날이라 씻으러 욕실로 들어간다. 8시 30분 아이는 친구와 함께 등교하기 위해 약속 장소로 나갔다. 빠른 속도로 정리 정돈을 하고 청소기를 돌린다.

명찰과 수업 가방을 챙겨 집을 나간다. 어제 차를 세워둔 곳을 기억해 가며 찾아다닌다. 시동을 걸고 도로를 달린다. 수업하러 가려면 보통 30분~1시간 정도 걸린다. 도로를 달리는 소리에 맞춰 나의 뇌도 수업내용, 오늘 일정을 떠올려 본다.

차가 막혀 잠시 멈추기라도 하면 주변을 살필 여유도 생긴다. 바깥 풍경도 보며 여유를 즐긴다. 유치원 정문에서 미소를 지어 보이며 긍정에너지를 한곳에 모으고 벨을 누른다. 아이들과 신나게 소통하고 돌아온다.

오후는 아이 간식을 준비해놓고 기다린다. 1시 20분에 하교하고 돌아오는 아이를 환하게 맞이한다. 공부와 피아노를 봐주니 5시. 저녁 준비를 시작한다. 오늘 메뉴는 잡채밥이다. 냉장고에 재료가 부족하다. 집 앞 마트에 가서 시금치와 당근, 버섯을 사서 왔다. 아이들이 나의 눈에 들어온다. 3살 아이를 보며 우리 아이도 저렇게 귀여웠는데 생각하며 미소 짓는다. 집으로 돌아온 나는 바쁘게 저녁을 준비한다. 야채를 다듬고 씻는다. 재료를 볶고 드디어 잡채밥 완성이다.

아빠의 하루

6시에 일어나 출근 준비를 한다. 7시부터 남편의 일은 시작된다. 오늘 납품할 제품들의 서류를 작성하고 라벨을 뽑는다. 기사님이 물건을 준비할 수 있도록 서류를 챙겨둔다. 불량이 난 업체로 나가 제품을 확인한다. 오늘은 불량 건이 많아서 다른 업체와 함께 나간다. 그곳에서 퇴근할 때까지 커피 한 잔만 마셨다. 아빠의 직장생활도 만만치가 않아 한숨이 절로 나오는 하루다. 회사의 수익을 창출하기 위해서 때론 자신의 점심시간까지 반납하며 일한다. 하루가 버겁고 힘들다.

아이의 하루

7시라며 엄마가 볼에 뽀뽀하면서 깨운다. 더 자고 싶은 생각에 자꾸만 이불 속으로 들어간다. 엄마가 "일어나서 영어 영상 보러 가자"라고 말한다. 벌떡 일어나 눈을 비비며 텔레비전을 켠다. 영어 영상이 제법 재미있다. 엄마가 차려준 밥을 먹고 학교 갈 준비를 한다. 친구랑 학교에 간다. 오늘따라 친구에게 물어도 아무 말 하지 않아 불편하다. 교실에 들어가자 많은 친구가 등교했다. 코로나19로 인해 친구들과 많이 접촉하지 못한다. 자리에 앉아 갖고 온 책을 읽는다.

이번 시간은 체육 시간이다. 세 팀으로 나눠서 달리기 시합을 하기로 했다. 자신이 속한 팀이 졌다. 친구들이 와서 "네가 느려서 졌잖아"라고 말하며 지나간다. 속상했지만 참았다. 하교하고 집으로 돌아왔다. 엄마에게 오늘 있었던 일을 얘기했다. 한참을 얘기하고 나니 기분이 풀렸다. 공부를 빨리 끝내고 친구들과 놀기로 약속했다. 6시까지 친구들과 놀이터에서 상어 놀이, 잡기 놀이를 했다. 6시에 친구들과 헤어지고 집으로 돌아왔다.

온 가족이 앉은 식탁에서 오늘 하루 어땠는지 이야기를 나눴다. 아빠는 다른 업체에 나갔다가 점심도 먹지 못하고 일만 하다가 퇴근했다고 한다. 종일 굶었을 남편을 생각하니 속상했다. 요즘 같은 시대에 밥도 주지 않고 일을 시키는 것은 노동착취라며 화를 냈다. 남편이 웃는다. 온전한 자기편이 있다는 것에 기쁜 것 같다.

아이는 학교에서 세 팀으로 나누어 달리기 시합을 했는데 친구들이 "너 때문에 달리기 졌잖아."라고 말해서 속상했다고 했다. 한참 아이 편이 되어 위로해주는 아빠가 좋다. 아이는 환하게 웃는다. 엄마는 어떤 말을 할까 하다가 수업에 가는데 차가 막혀서 10분 전에 딱 맞춰 도착해 많이 불안했다고 말했다.

온 가족이 모여 다른 공간에서 어떻게 지냈는지를 이야기 나누며 잘 살아가고 있음을 느낀다. 각자의 역할을 충실히 해내면서 또 한 발짝 성장하고 있다. 아빠도 자기 권리를 주장함을 배우고, 점심은 꼭 먹고 일하겠다고 했다. 아이는 모두 잘하는 것이 다름을 알게 되었고, 다른 사람이 상처받지 않도록 말을 좀 더 부드러운 말로 해야 함을 느꼈을 것이다. 나 역시 도로 상황이 어떻게 될지 모르니 조금 더 일찍 나가야 함을 배웠다.

우리는 이렇듯 삶을 살아가면서 많은 것들을 배우고 익히며 사회 속에 적응한다. 아이는 책을 읽고 있다. 엄마는 식탁을 정리한다. 아빠는 설거지한다. 엄마는 아이 숙제를 봐준다. 아빠는 운동하러 간다. 벌써 9시다.

아이와 함께 목욕하며 새로 산 때밀이 블록을 사용해 본다. 생각보다 효과는 조금 있다. 또 아이는 책을 읽는다. 요즘 읽고 있는 책에 푹 빠져 있다. 아이와 영어단어 8개를 외우며 서로 문제 내기를 한다. 10시다. 누워서 사랑 나누며 한참을 웃었다. 그리고 우리는 각자의 자리에서 잠자리에 든다.

가족은 속상할 때는 같이 속상해하고 힘들 때는 같이 있어 주고 좋은 일이 생겼을 때는 제일 먼저 축하해 주는 사람이다. 우리 가족은 각자의 위치에서 최선을 다하며 하루를 살아가고 있다. 모두 자신의 힘으로 모든 순간을 해결해 가고 있다. 때로는 그곳에서 행복하기도 하고 슬프기도 하고 속상하기도 하지만 무엇이든 이야기할 수 있는 가족이 있음에 감사하며 하루를 살아간다. 서로가 힘이 될 수 있도록 성장하고 나누고 공유한다. 지금의 삶이 미래의 삶이라는 걸 알기 때문이다. 오늘을 살아내면 내일도 살아낼 수 있다.

나의 하루를 다르게 보자 그 하루가 얼마나 감사한지 느낄 수 있었다. 누군가는 간절히 바라던 하루를 우리는 살고 있다.

제2장

엄마의 믿음이 아이를
변화하게 만든다

그래, 결국 책이었어

결혼하고 1년 동안 신혼생활을 갖고 임신하기로 했다. 임신 전 산전 검사 결과 갑상선 항진증이라고 진단받았다. 소견서를 들고 대학병원에 방문했다.

"선생님 언제 정상 수치가 될까요?"

"6개월 만에 되는 경우도 있고 몇 년이 걸리는 경우도 있습니다."

의사의 말에 좌절했다. 참으로 인생은 내 뜻대로 되지 않는 것 같았다. 약을 꼬박꼬박 먹고 정상 수치를 기다리던 어느 날 "정상 수치로 돌아왔습니다. 임신이 가능합니다."라는 기다리던 말을 듣게 되었다.

이제 임신만 하면 된다. 기쁨도 잠시뿐 생각보다 아이는 빨리 오지 않았다. 다시 산부인과를 찾았다. 배란일을 받아온 날, 몸살처럼 쑤시고 아팠다. 드라마나 영화에서처럼 나 역시 이상한 생각이 들어 달력을 찾았다. 역시 생리하지 않았다. 무거운 몸을 일으켜 약국에서 임신테스트기를 구입해 돌아왔다. 결과는 확실치 않았다. 줄이 하나 있고 옆에 연한 줄이 하나 더 보였다. 병원에 가야겠다는 생각이 강하게 스쳐 갔다.

"축하합니다. 임신입니다. 보이시죠? 콩만 한 점이요"

이제껏 내가 들은 말 중 가장 설레었던 말이다.

임신을 확인하고 서점에 들러 두 권의 책을 구입했다. 이제부터 매일 읽어줄 생각이다. 아이가 책을 읽어주면 더 좋아하는 것 같았다. 어쩌면 엄마의 목소리가 들려서 좋아한 걸 나는 그렇게 생각하고 싶었는지도 모르겠다. 퇴근 후 돌아온 남편에게도 책을 읽어주기를 부탁했다.

유대인의 속담 중 "아이에게 돈이 아니라 지혜를 물려주어라."라는 말이 있다. 이 말은 물고기를 잡아주지 말고 스스로 물고기를 잡을 수 있도록 가르치라는 말이다. 나 또한 아이에게 지혜를 물려주고 싶어 태교를 책으로 시작했다. 지금은 작은 씨앗이지만 부모의 사랑과 관심을 받으며 어떻게 자랄지는 아무도 알 수 없기 때문에 지금 할 수 있는 엄마 역할인 좋은 것을 먹고, 들으며 스트레스를 최소한 받으려고 애썼다.

아이가 배 속에 있을 때는 나만 챙기면 되었지만 태어나서는 기저귀도 갈고 모유 수유도 해야 했다. 엄마의 체력이 안 되어 힘들 뿐이었다. 힘들어 다른 것은 하지 못해도 잊지 않고 해준 것은 바로 책 읽기다. 아이는 점점 자랄수록 천으로 된 다양한 책을 직접 손으로 만져보면서 책을 보기 시작했다.

아이는 그림책을 참 좋아했다. 아이에게 그림책을 읽어주다 보니 아이만큼 나도 그림책 매력에 빠져들었다. 그림책은 짧지만, 메시지가 강하다. 글에서 담아내지 못하는 것들을 그림에 나타낸다. 특히 글 밥이 없는 책을 좋아한다. 글 밥이 없는 책은 아이와 이야기 만들기에 좋다. 가끔 엉뚱한 스토리에 더 신나서 경로 이탈을 한 적이 한두 번이 아니다. 말도 안 되는 이야기 짓기는 지금까지도 이어지고 있다. 주말 밤마다 아빠와 함께 지으며 아이는 훗날 작가의 꿈을 키워가고 있다.

많은 그림책을 읽다 보니 아이가 특별히 좋아하는 작가가 생겼다. 책 속에 빠져 출근하는 아빠에게 모닝빵을 건네주던 아이. 목욕탕에 가면 선녀 할머니를 만날 수 있을 거라며 내 손을 잡아당기던 아이. 냉탕에서 할머니가 알려준 방법으로 놀고 요구르트도 함께 먹겠다는 아이. 달을 따러 가자고 조르던 아이. 주인공에게 빠져 동생이 있었으면 좋겠다며 환하게 미소 짓던 아이. 자신도 혼자 있을 수 있다고 말하던 아이. 친구 사귀는 법을 배우고 먼저 다가가 "나랑 같이 놀래?" 말하던 아이. 이처럼 아이는 책을 통해 다양한 것들을 배웠다. 아이를 위해 엄마가 해줄 수 있는 것은 아이가 좋아하는 책을 다양하게 경험시켜 주는 것이었다. 뮤지컬을 한다는 소식에 달려가던 날이 떠오른다. 책 속 이야기를 눈으로 직접 보면서 아이는 뮤지컬의 매력에 또 흠뻑 빠져들었다. 책으로 읽었을 때와 뮤지컬로 보는 것은 아이를 더 상상력이 풍부한 아이로 자라게 해 주었다. 감동을 오래 기억하기 위해 CD도 샀다. 요즘엔 음악 사이트만 들어가면 다 있는 것을 몰랐던 아날로그 엄마지만 집에서 CD 플레이어로 아이 혼자 틀어 놓고 따라 부르는 걸 보면 아날로그 엄마가 좋을 때도 있다. 뮤지컬 배우처럼 연기도 하는 모습에 그저 웃음이 나올 뿐이다.

아이는 이렇게 책이 주는 기쁨을 온몸으로 받아들이고 있었다. 좋아하는 작가의 동화책을 모두 소장하고 아무도 시키지 않았는데 혼자 여행 갈 때 갖고 가고 싶다며 전권을 필사하고 있다. 그런 아이를 볼 때면 흐뭇해지고 책을 선택하길 잘했다며 나를 칭찬한다. 위인들을 보면 대부분 책을 가까이했다. 특히 독서광 세종대왕이 백독백습 했다는 것은 유명하다. 백번 읽고 백번 베껴 쓰기를 했으니 글 속에 숨겨진 내용을 다 이해 했을 거다. 아이는 이처럼 천천히 읽고 쓰면서 작가의 따뜻하고 사랑스러운 글을 통해 세상을 배우고 있었다.

아이에게 초등학생을 위한 세계 명작을 선물했다. 아이는 예쁜 그림에 빠져 읽고 또 읽었다. 이때 엄마도 함께 책 읽기를 했다. 아이는 엄마와 같은 책을 읽고 이야기 나누는 걸 특히 좋아한다. 그렇게 세계 명작을 접하고 마트에 갈 때마다 한 권씩 사주었다. 이제 아이는 책을 읽고 당당하게 말한다.

"엄마 다음 권도 부탁해요."

언제 들어도 기분 좋은 말이다.

장난감을 사줄 때는 스티커를 다 붙인다던가 아니면 특별한 날에만 사주었지만, 책은 우리 집에서는 예외다. 서점에 가면 꼭 2권씩 사줬다. 아이도 2권 엄마도 2권. 대신 자신이 갖고 싶은 문구도 하나 선택하게 했다. 집으로 돌아와 아이와 엄마는 각자의 책을 읽는다. 아이가 고른 책 중에 실패한 책도 있고 성공한 책도 있다. 직접 책을 골라보고 구입해 본 아이는 나름 책 고르는 기준이 생겼다.

아이 책에는 시리즈 책이 참 많다. 그중 제일 좋아하는 책은 뱀파이어

소재의 책이다. 아이는 시립도서관, 학교 도서관에서 여러 번을 빌려보더니 할머니 할아버지한테 받은 세뱃돈으로 전권을 구입했다. 아쉬운 책도 있다. 아이와 함께 읽기 중 의욕이 넘쳤던 아빠가 영화도 있다며 함께 영화 보기를 권했다. 영화를 본 후 아이는 상상했던 마법사의 모습보다 더 무섭게 표현된 마법사를 보고 자주 악몽을 꿨다.

그날 이후 아이는 나에게 먼저 읽어 보고 무서운 장면이 나오는 부분은 이야기로 들려달라고 했다. 아이는 책을 읽으면서 자신이 경험한 만큼의 상상력을 발휘한다. 같은 책이라도 어릴 적 읽었을 때와 성인이 되어서 읽었을 때 느낌이 다른 이유는 사고의 성장 차이이다. 연령제한이 있는 것도 이와 다르지 않다. 아이가 받아들이기에 힘든 내용과 영상이라서 제한한 것이다. 마법 영화는 전체 관람가였지만 내 아이에게는 책을 다 읽고 보았다면 훨씬 더 좋았을 거라는 아쉬움을 남기는 영화다. 이 책은 무서운 책이라는 이미지를 심어주어 성인이 된 후에 다시 읽겠다고 한다.

요즘에는 일본 작가가 쓴 책들을 좋아한다. 아이가 또 돈을 모으기 시작했다. 이 책들을 소장하고 싶단다. 엄마한테 사달라고 해도 사줄 텐데 자신이 사겠단다.

초등학생을 위한 세계 명작을 읽고 아이는 다른 이야기들도 궁금해했다. 어느 날 엄마 책장에 꽂혀있는 두꺼운 루이자 메이 올컷의 〈작은 아씨들〉을 읽고 있는 아이를 발견했다. 매일 읽던 아이가 1부까지만 읽고 "이 책은 내가 다른 책 좀 읽다가 다시 도전 해야겠어"라며 책을 덮는다.

혼자 중고 서점에 간 날 아이가 한 말이 생각나 한 출판사 책을 사서 선물했다. 아이는 그림이 너무 예쁘고 작아서 마음에 든다며 좋아했다. 이후 아이는 출판사에 따라 그림과 표현법이 다름을 알게 되었다. 초등고전에서 읽었던 책들을 다른 출판사 책으로 다시 읽고 있다. 책 수준이 업그레이드된 순간이다. 책은 이처럼 아이가 관심 있어 하는 분야로 발전시키면 된다.

공부를 끝낸 아이가 책을 읽고 있기에 좀 쉬라고 했더니 아이가 명언을 남겼다.

"엄마, 책 읽는 게 쉬는 거야."

아이는 책과 함께 성장하고 있고 책을 쉼으로 여기며 잘 자라고 있다.

이렇게 아이가 책을 좋아하기까지 엄마인 나 역시 큰 노력이 있었다. 임신부터 지금까지도 계속 책을 읽어주고 있다. 엄마도 함께 책을 읽었다. 아이가 책은 재미있다는 것을 알게 하기 위해 좋은 책을 열심히 찾아주었다. 항상 책을 가까이 할 수 있도록 책을 여러 곳에 두어 눈에 띄게 했다. 아이가 책을 읽을 때 엄마는 그 순간을 사진으로 남겼다. 어느 순간 아이는 안다. 엄마가 자신이 책을 읽을 때 좋아한다는 것을 말이다. 아이는 엄마가 좋아하는 일을 더 자주 하다 보니 자신도 모르게 책의 매력에 빠진 것 같다.

뇌는 우리가 하는 행동을 받아들이고 습관으로 저장하는 데는 꼬박 21일이 걸린다. 어떤 행동을 습관으로 만들고 싶다면 끈기를 갖고 21일간 지속하면 된다.

나는 책을 좋아하는 아이로 키우고 싶었다. 그래서 같은 행동을 10년간 매일 반복했다. 시작은 엄마가 했지만, 지금은 아이가 책을 더 사랑하고 좋아한다.

풍성한 삶을 약속하는 다양한 예체능 경험

아이가 태어나기 전의 우리 부부는 스노보드를 즐겨 탔다. 아이가 태어
나고부터는 아이와 함께 취미생활을 하고 싶어 스키를 타기 시작했다. 처
음 스키를 타던 날 남편은 슬로프에서 두 발로 내려오기가 힘들었다. 생
각보다 시작이 좋았던 나는 그런 남편을 놀리곤 했다. 그렇게 시작은 미
약했으나 꾸준한 노력으로 스키 자격증까지 딴 게 남편이다.

아이가 5살이 되어 함께 스키를 타던 날. 아무런 기대도 하지 않고 부
츠만 신겼는데 아이가 좋아한다. 스키 플레이트 위에 발을 올려놓고 자
기보다 큰 스키로 하얀 눈 위를 걸어 다닌다. 엄마 아빠가 끌어주는 스키
가 서서 타는 썰매 같아 재미있어했다. 리프트를 타고 하늘에 떠 있는 느
낌이 좋고 아래로 내려다보이는 풍경이 아이에게는 생각지도 못한 놀라
움으로 다가왔다. 스키를 타는 것보다 리프트를 타기 위해 슬로프를 내려

왔다. 아빠가 가르쳐 주는 대로 스키를 A자 모양으로 만들고 다리에 힘을 주면서 내려왔다. 힘들 땐 아빠를 의지하며 슬로프에서 쉬었다. 그런 모습들을 고스란히 내 스마트폰에 담아두었다. 그 후 아이는 스키의 매력에 흠뻑 빠졌고 지금은 제법 스키를 즐기는 경력 5년 차다.

2년에 한 번씩 이사했던 우리는 시골에서 조금 더 시내로 이사를 했다. 아파트 관리동 어린이집에 다니던 아이는 이사를 하면서 유치원으로 옮겼다. 옮긴 유치원에서는 미술과 음악 등 예체능을 강조하셨다. 6살 때 성악을 유치원에서 배우고 집으로 돌아와 들려주는 아이를 보면서 우리 부부는 어릴 적 이야기를 나누었다. 둘 다 합창단 생활을 했었다는 새로운 사실도 알게 되었다.

며칠 후 우연히 맘카페에 올라온 합창단 키즈 단원 모집을 보고 합창단에 지원해 보자고 아이를 설득했다. 아이는 매주 토요일은 싫고 오디션만 보겠다고 했다. 오디션 날 하늘에서 축하라도 하듯이 첫눈이 펑펑 내렸다. 아이는 불이 들어오는 어그 부츠에 레이스가 있는 하얀색 원피스를 입고 갔다. 아이가 준비한 곡은 유치원에서 부르던 서동출의 〈뚱보새〉 동요다. 3명의 심사위원 앞에서 떨리는 마음으로 부르고 있는 아이를 보자 왈칵 울음이 나와 버렸다. 당황한 남편은 왜 그러냐고 했다. 나도 그때 왜 눈물이 났는지 모르겠다. 작게만 느껴졌던 아이가 혼자 힘으로 자신의 목소리를 오디션장 가득 메워서일지도 모르겠다. 심사위원 중 지휘자님께서 아이에게 칭찬과 격려를 담아 말씀해주셨다.

"지금은 자신의 목소리를 잘 내지 못하지만 가르쳐보고 싶은 아이입니다."

하지만 워낙 목소리도 작고 실력이 부족해서 기대도 하지 않았다. 오늘의 경험이 그저 감사할 뿐이었다. 일주일 뒤 합창단에서 합격 문자를 받았다. 나의 검진 날짜로 인해 바로는 어렵고 7살부터 다니기로 했다. 그렇게 아이는 11살까지 다녔다. 1년에 3번 이상은 대공연장에서 공연이 이루어졌다. 그곳에서 아이는 10분을 부르기 위해 몇 시간이 되는 리허설을 해야 했다. 기다림을 배우고 함께 할 때는 다른 사람의 소리를 듣고 화음을 맞추어야 함을 배웠다.

영종도에 살 때 4살 된 아이를 데리고 영종도에서 송도로 버스를 타고 대형마트에서 발레를 배웠다. 몇 달 후 우리는 신랑이 있는 다른 지역으로 이사를 했다. 그곳에도 아파트 단지에 발레학원이 있었다. 엄마를 닮지 않은 아이는 유연하게 스트레칭했다. 2년 후 이사를 했는데 그곳에서는 발레학원이 없어 시에서 운영하는 벨리 학원에 다녔다. 시에서 운영하는 벨리 수업이나 대형마트에서 하는 발레 수업은 가격이 저렴해서 어릴 적 아이들이 체험하기에 경제적인 부담이 적어 시작하기 좋다. 아이는 발레를 다니고 싶어 했지만 화려한 벨리 복을 보고 홀딱 반해 벨리를 시작하게 되었다. 초등학교 1학년 때는 운이 좋게 벨리 대회에 나가게 되었다.

그때 엄마들의 열정을 보며 아이를 위해서 엄마들이 못할 게 없다는 사실을 알게 되었다. 이른 새벽부터 아이 머리와 공연 화장을 하고 종일 아이만을 위해서 기다리고 있는 엄마들이 많았다. 처음 나간 대회라 전혀 기대도 하지 않았는데 상까지 받아서 더없이 기뻤던 하루였다. 그 이후 여러 번의 공연에 나가서 상을 받고 공연도 했다. 아이는 합창과는 다른 벨리의 매력에 빠져서 행복한 시간을 보냈지만 지난 코로나19로 인해 벨리 수업은 받을 수 없었다. 새로 산 벨리 복이 그저 옷장에서 작아졌을 뿐이다.

피아노는 초등학교에 들어가면서 시작했다. 친구들은 체르니 30번을 치는데 혼자만 100번을 치는 아이에게 피아노는 자존감을 낮게 만들었다. 속상했을 아이에게 "괜찮아 너는 잘하는 게 더 많잖아 모든 걸 다 잘하면 너무 완벽해 보이니깐 피아노는 다른 친구 잘하라고 하자"며 다독였다.

코로나19로 잃은 것만 있는 것은 아니다. 피아노를 개인 레슨으로 바꾸면서 아이는 나날이 실력이 늘었다. 이제는 피아노가 재미있고 쉽다고 얘기한다. 아이마다 습득한 것을 드러내는 시기가 다름을 느낀다. 아이는 이제 피아노를 놀이처럼 즐긴다. 아이가 무언가를 하는데 성과가 나타나지 않아 속상할 때가 있다. 엄마는 나보다 아이가 더 속상함을 인지하고 괜찮다고 지금 기초공사를 하는 과정이니깐 너무 조급해하지 말고 꾸준히 하다 보면 분명 잘 될 거라고 응원해 주면 된다. 아이가 원하는 것은 엄마가 자신의 마음을 알아주는 것임을 아이를 키우면서 배웠다.

초등학교를 입학하더니 미술학원에 다니고 싶다는 의사를 밝혔다. 아이가 다니게 된 미술학원에는 유치원 때 친구들이 많이 다녀서 동창회 기분이 든다면서 좋아했다. 역시 대회에 작품을 제출해 상도 제법 받아왔다. 미술에 소질이 있나 싶었지만 미술 학원에서 그린 그림은 왠지 모르게 아이가 그린 것 같지 않고 완벽해 보였다. 집에서 그린 그림들은 그냥 아이 느낌대로 그려서 나는 개인적으로 그 그림을 더 좋아한다.

하지만 아이는 계속하지 못했다. 학원 차를 타고 돌아오는 길에 아이는 울면서 전화했다. 실장님이 자신을 집에 데려다주지 않는다고 말이다. 당시 나는 친정엄마가 아프셔서 서울 병원에 있었다. 갈 수도 없는데 놀란 아이를 위로할 길이 없었다. 그저 들어주고 괜찮아 엄마가 편안해질 때까지 통화해 줄게, 라고 말할 뿐이었다. 그 이후 아이는 학원 차에 트라우마가 생겨 피아노학원도 한동안 계속 태워줬다.

아이들은 경험한 것들에 의해 자기만의 기준이 세워지는 것 같다. 좋은 경험도 나쁜 경험도 아이를 성장시키는 것은 분명히 맞지만, 엄마 마음에 좋은 경험만 했으면 좋겠다. 오죽하면 '꽃길만 걷자.'라는 말이 나왔을까.

요즘은 참 좋은 세상이다. 자기 계발을 유튜브로 하는 사람들이 많다. 남편 역시 골프를 유튜브로 배웠다. 아빠 엄마를 따라 파3에 몇 번 간 아이는 골프를 배우고 싶다고 했다. 아마도 아빠 엄마랑 함께 시간을 보내고 싶었던 것 같다. 남편은 아이가 골프를 배우고 싶다는 말에 어린아이처럼 기뻐하며 학원을 알아봤다. 전공을 시킬 것도 아니고 그냥 함께 다닐 거면 아빠가 가르쳐도 될 텐데 말이다.

아빠의 선택은 탁월했다. 아이는 아빠가 가르쳐주면 하려고 하지 않았다. 학원에서 선생님이 가르쳐주면 하면서 말이다. 두 달이 다 되어도 아이의 실력은 처음과 많이 달라지지 않아 보였나 보다. 남편은 선생님과 얘기해 기초를 더 자세히 알려 주길 원했다. 이후 아이랑 파3에 갔다. 아이는 모든 채를 다 칠 수 있게 되었다. 아직 정확하게 거리를 낼 수는 없지만 그건 연습이 필요한 부분임을 알기에 이처럼 성장한 아이가 기특할 뿐이다. 앞으로 아이와 함께 할 취미가 또 생겼다.

자전거는 1학년 때부터 혼자 탔다. 처음 아빠와 함께 두발자전거를 연습하던 모습이 떠오른다. "아빠 있어? 놓지 마" 그렇게 일주일 만에 아이는 자전거를 자유자재로 타게 되었다. 지금도 남편은 얘기한다. 아이를 잡아주고 있다가 손을 놓았는데 아이가 혼자 타는 손맛은 느껴보지 못 한 사람은 절대 모를 거라며 자랑한다. 아마도 뿌듯함, 기특함, 대견함. 행복이라는 감정이었을 거다. 남편은 오늘도 아이와 함께 자전거를 탄다.

우리 가족은 함께하는 것을 좋아한다. 아마도 어릴 적 부모와 많이 놀아보지 못한 것을 지금 아이에게 보상해 주고 싶은 것 같다. 이번에는 인라인스케이트도 시작했다. 생각보다 몸 따로 마음 따로 되어 타는 것이 쉽지 않았다. 어릴 적 롤러장 다니던 실력은 찾아볼 수도 없다. 아이는 그저 자신처럼 못 타는 아빠 엄마가 재밌고 웃기다. 아이의 웃음은 끊이질 않는다. 우리는 손을 잡고 서로 의지하며 한발 한 발 내디뎠다. 아이랑 함께 할 수 있는 것들이 많아지자 놀이 선택의 폭도 넓어져 삶이 훨씬 더 풍성해졌다.

엄마의 질문이 질문하는 아이로 만든다

아이가 찾아온 날부터 나는 아이와 많은 이야기를 나누었다.

"아가야, 이건 사과란다. 빨간색이고 먹으면 사각사각 소리가 나. 엄마가 먹어볼게."

이처럼 사소한 것을 함께 공유했다. 이야기하는 걸 좋아하는 엄마 덕인지 아이는 빨리 말을 했다. 아이가 말을 하자 세상에 있는 모든 것들에 대해 이야기를 해줬다. 아이가 과자를 먹다가 땅에 떨어뜨렸다. 속상한 아이는 울먹인다.

"아가야, 과자가 떨어지면 누가 온단다. 누가 올까? 우리 여기서 조금 기다려 볼까?"

아이는 궁금한지 쪼그리고 앉아 과자를 지켜본다. 몇 분이 지나자 개미 한 마리가 주변을 왔다 갔다 했다. 그리곤 어디론가 간다. 아이와 함께 따라갔다. 개미집이 보였다. 잠시 후 개미들이 한 줄 기차로 아이가 떨어뜨린 과자 주변으로 모여들었다. 과자가 조금씩 들리더니 움직이기 시작했다. 개미는 과자를 개미집으로 가져갔다. 아이는 자신이 떨어뜨린 과자가 추운 겨울 개미들의 먹이가 된다는 사실에 놀라워하며 기뻐했다.

우리는 자주 산책하러 나갔다. 아이는 꽃을 참 좋아했다. 꽃을 발견하면 달려간다. 엄마는 그 순간을 놓치지 않는다. "하얀 꽃잎에 노란색으로 되어 있으니 너무 예쁘다." 아이도 엄마를 따라 관찰한다. "엄마, 꽃들이 모여 있으니깐 꼭 결혼식에 신부가 들고 있던 꽃 같다." "어머나 그러네. 신부가 들었던 부케랑 똑같다." 아이가 한 말을 듣고 정확한 단어로 수정해 줬다. 오늘 아이는 부케라는 단어를 알게 되었다. 우리가 밖에서 보았던 부케 꽃은 찔레꽃이었다. 다음에 아이랑 산책하다 보게 되면 알려 주려고 휴대폰 메모장에 적어 두었다. 아이가 좋아하며 어디론가 뛰어간다. "엄마 저것 봐 예쁘지?" "예쁘네. 저 꽃은 뭐 닮은 것 같아?" 엄마의 질문에 아이의 뇌가 바쁘게 움직인다. 한참을 생각하던 아이는 "엄마가 아침마다 해주는 계란 후라이 같다." 아이는 자신이 경험한 것 중에서 비슷한 것을 찾으려 애썼을 거다. 고민하는 아이 모습이 너무 사랑스러운 순간이다. "맞아. 꽃 이름도 계란 꽃이라고 많이들 불러. 너무 귀여운 이름이지. 진짜 이름은 데이지라고 해. 꽃말은 화해라는 뜻이야. 서로 싸웠을 때 말로 하기 힘들면 꽃을 전해줘 봐." 아이는 엄마의 말을 들으며 생각에 잠긴다. 한참 꽃을 보며 미소 짓는다.

아파트 단지에는 연못이 있다. 처음 이사를 온 날 아이는 개구리 우는 소리에 무섭다며 울었다. 이불을 챙겨 다른 방으로 옮겨가서 잤다. 아이와 함께 단지를 구경하는데 연못 안에 올챙이들이 얼마나 많던지 아이와 한참을 구경하다가 두 마리를 집으로 데리고 와 키우기로 했다. 아이는 매일 올챙이에게 밥(상추, 호박, 계란)을 준다. 매일 관찰하던 아이가 뛰어온다. "엄마, 올챙이 다리가 나왔어." 책에서만 보던 뒷다리가 나왔다. 직접 본 건 처음인 엄마도 그저 신기할 뿐이다. 얼마 후 앞다리도 나왔다.

그러던 어느 날 설거지를 하고 있는데 올챙이가 없다. 놀라서 집안을 둘러보니 개구리가 되어 어항을 탈출했다. 개구리를 어항에 넣으며 아이에게 질문한다. "개구리도 이제 마음껏 다닐 수 있는데 어항에만 있으면 기분이 어떨까?" 아이는 볼멘소리로 "답답하겠지."라고 말한다. 아이는 헤어짐의 아쉬움을 아는지 슬퍼 보인다. 연못에 개구리를 보내주면서 아이는 한참을 "잘 가. 자주 놀러 올게"라고 말하며 아이는 헤어짐은 또 다른 만남을 의미함을 알게 된다.

개구리를 보내주고 아이는 무언가 키우고 싶어 했다. 어린이집에 가는데 아이가 소리치며 뛰어간다. 가까이 가보니 달팽이 한 마리가 기어가고 있었다. "집에서 키워도 돼요?" 엄마는 그저 고개를 끄덕일 뿐이다. 그날부터 우리는 달팽이를 관찰했다. 달팽이는 상추를 주면 초록색 똥을 누고, 당근을 주면 주황색 똥을 눈다. 아이는 신기한지 자신의 똥을 유심히 관찰한다. 자신도 먹은 것에 따라 똥 색깔이 다르다며 좋아한다. 혼자인 아이는 친구가 생겨 좋다. 비 오는 날 "친구랑 놀 때가 좋아 혼자 놀 때가 좋아?"라는 엄마의 질문에 아이는 친구랑 노는 게 훨씬 좋다면 손까지 펼쳐 보인다. "우리 달팽이도 친구가 있으면 좋을 텐데" 아이는 엄마의 말에 생각한다. 달팽이 집을 들고 밖으로 뛰어간다. 그리고는 달팽이를 보내 준다. 아이는 알까 다시는 만날 수 없다는 것을 말이다. 아이는 비 오는 다음 날이면 달팽이를 찾는다. 달팽이를 발견하면 자신이 돌봐주던 달팽이라며 반갑게 인사한다. 아이의 순수함에 엄마도 잘 지냈냐며 인사를 한다. 어릴 적 나도 저렇게 순수했을 생각을 하니 꼬마 미숙이가 보고 싶다.

친구 집에 놀러 갔다가 구피를 분양받았다. 아이는 또 설레고 있다. 구피 집도 사고 먹이도 샀다. 8마리의 구피들을 관찰하며 설명해 준다. "검은색 구피는 달리기를 잘하고, 빨간색 구피는 먹보 대장이고, 회색 구피는 숨기를 잘해." "구피들을 구별하려면 뭐가 있으면 좋을까?" 아이는 생각한다. 저녁에 퇴근한 아빠 손을 잡고 "까망이는 달리기를 잘하고, 뚱이는 먹보 대장이고, 행복이는 숨기를 잘해." 아빠는 구피들의 이름을 외우느라 힘들었지만 엄마는 아이가 잘 자라고 있음에 기분 좋다.

마트에 가면 아이가 꼭 들르는 곳이 있다. 바로 물고기와 동물들을 파는 곳이다. 아이가 가자고 할 때까지 그곳에서 함께 있어 준다. 다가올 생일 선물로 무엇을 받고 싶냐는 질문에 아이는 햄스터를 받고 싶단다. 솔직히 아이가 어릴 때는 톱밥을 갈고 집을 청소해주는 것이 엄마의 몫인 것을 알기에 선뜻 그러자고 말을 하지 못했다.

외가댁에 놀러 간 아이가 생일 선물로 무엇을 받고 싶냐는 할아버지 말씀에 "햄스터요"를 외쳤다. 햄스터는 우리 집에 오게 되었다. 아이는 햄스터 집을 꾸며주고 이름도 지어주었다. "내 동생 반짝이" 동생이 생겼다며 얼마나 좋아했는지 모른다. 반짝이는 해바라기 씨를 주는 족족 잘 받아먹는다. 아이는 그게 신기하다며 소리를 지른다. 알고 보면 볼 주머니에 가득 넣어두었다. 양 볼이 터질듯 한 모습을 보며 아이도 같은 표정을 짓는다. 반짝이 집 청소를 할 때면 아이가 반짝이가 밖으로 나오지 않도록 돌본다. 청소가 끝나면 반짝이는 이리저리 돌아다니며 신나 한다. 아이는 "우리 반짝이 깨끗해지니깐 좋아요?" 하면서 쓰다듬고 예뻐해 준다.

아이는 반짝이와 많은 시간을 보냈다. 반짝이와 달리기 시합도 하고 반짝이가 운동할 수 있도록 길도 만들어준다. 반짝이 똥도 젓가락을 들고 다니며 아주 잘 치운다. 아이에게 자주 하는 질문 중 하나 "오늘 기분 어때" "오늘을 햇볕이 쨍쨍" 아이는 반짝이에게 똑같이 질문한다. 그리곤 "너도 기분 좋구나. 나도 기분이 좋아 새로운 친구를 사귀었거든." 아이의 대화 속에서 아이의 근황을 알 수 있어서 좋다. "오늘은 비가 주룩주룩" "친구가 나한테만 과자 안 줬어"라고 말하며 속상해한다. 그렇게 둘은 참 좋은 친구가 되었다.

엄마의 질문은 아이를 생각하게 만든다. 아이가 생각할 때 뇌는 빠르게 움직이면서 가지치기한다. 뇌에 관심이 많은 엄마는 답을 알려 주기보다는 생각하는 아이로 키우고 싶었다. "네 생각은 어때?" 메뉴를 정할 때도 돌아가면서 메뉴를 정한다. 자신의 의견을 표현할 줄 아는 아이가 이 세상을 살아가는데 좀 더 수월한 걸 알기 때문이다. 좋은 질문을 하기 위해 엄마가 선택한 것은 관찰이다. 아이가 보여주는 모든 것들을 자세히 살펴

보았다. 속상할 때는 입이 살짝 나온다. 좋을 때는 입꼬리부터 올라가고 눈꼬리가 쳐진다. 아이를 위해 키운 관찰력은 남편에게도 가족에게도 친구에게도 표현한다. 자신의 마음을 읽어주니 상대도 더 기분 좋아 보인다. 누군가 내 마음을 알아주면 얼마나 고마운지 알기에 오늘도 내 사람들을 관찰한다.

아이를 계속하게 하는 힘, 재미

오감 놀이가 좋다는 말에 집에서 다양한 놀이를 준비했다. 밀가루를 만져보고 물을 넣어서 반죽했다. 밀가루로 수박, 접시, 피자, 아이스크림을 만들었다. 만든 것들로 소꿉놀이하자는 아이는 각각의 역할을 정해 준다. 아이는 엄마 역할, 엄마는 아이 역할, 아빠는 아빠 역할이다. 아이가 차려준 음식들로 아이가 하던 행동들을 따라 했다. 아이도 평소 엄마가 하던 모습 그대로 따라 한다. 한 번에 두 가지를 시키고 있었다는 점에 깜짝 놀랐다. 아이가 되어 엄마에게 어떤 것부터 하라는지 모르겠다며 이야기했다. 아이는 천천히 설명해 준다. 놀이를 통해 자신이 원하던 대답을 한다. 엄마는 동시에 두 가지를 시키지 않겠다고 다짐했다.

아이들이 가지고 놀기에 최고의 장난감은 직접 아이가 만든 거다. 어디를 갈 때면 꼭 책, 스케치북, 색연필을 챙겨갔다. 아이는 지루할 때면 책을 읽거나 그림을 그렸다. 처음 아이가 그린 것은 선에 불과했지만, 점점 자락수록 형체가 나타났다. 어느 날 아이는 크레파스를 돌리다가 뽀로로를 완성했다. 피카소의 그림을 보면 난해하다. 추상화는 이처럼 보는 사람의 관점에 따라 다르게 해석된다. 아이의 그림도 마찬가지이다. 아이가 어떤 생각으로 그렸는지 엄마는 알 수 없지만, 엄마의 해석에 따라 망고가 되고 바나나가 된다. 엄마의 해석이 마음에 든 아이는 신나 하면서 더 많은 그림을 그렸다.

아이와 자주 전시회에 갔다. 피카소와 큐비즘 전시회에 갔을 때 아이는 작품을 보며 변기 안에 똥과 쉬가 있다며 웃었다. 아이는 전시관을 놀이터 같이 느끼며 이곳저곳을 관찰한다. 남편은 작품 하나하나 해석하려 하다 보니 그림 자체가 어렵다고 했다. 아이처럼 놀이로 즐기면 좋을 텐데 그러지 못하다 보니 피카소는 어렵단다. 전시회에 가면 기념품 가게에 꼭 들렀다. 작품을 감상하고 그중 가장 마음에 드는 하나를 고를 수 있게 했다. 아이는 많은 물건 중에서 하나를 선택하는 경험을 한다. 아이가 고른 것은 명화 색칠하기였다. 집으로 돌아가서도 아이는 한동안 전시회에서 느꼈던 감정을 지속한다.

행복을 그리는 화가 전시회에 갔을 때 아이는 그림이 따뜻해서 좋다고 했다. 여러 작품 중 아이는 식구, 등불, 황금 우리에서 나와라는 작품을 좋아했다. 이유를 묻자 식구는 우리나라 음식을 함께 먹는 모습과 색깔이 마음에 들고 등불은 폭죽이 터지는데 구석에 숨겨져 있는 장미가 마음에 든다고 했다. 또 사방이 빛나니깐 아름답고 예쁘다고 했다. 황금 우리에서 나오는 새가 자유롭게 날아다니니깐 좋다고 답했다. 아이는 자기만의 시선으로 보고 느낀 감정을 표현했다. 아이가 좋다니깐 그 작품 앞에서 한참 감상했다. 기념품 가게에서 우리는 식구작품이 그려진 식탁 매트와 노트, 작품집을 사서 돌아왔다. 작품을 다시 집에서 보면 그날의 기분에 따라 다른 작품이 또 눈에 들어올 것을 알기 때문이다.

내 이름은 빨간 머리 앤 전시회에 갔을 때는 모두가 만족했다. 사진도 찍을 수 있다 보니 전시회 느낌이 아니라 체험하는 느낌이 든다고 했다. 빨간 머리 앤의 여러 심리를 다루어 다양한 방으로 구성해서였을까 색감이 다르게 표현되어서 볼거리가 참 많았다. 아이는 책에서 보던 느낌과 비교를 하며 조금 더 깊이 이해했을 거다. 기념품 가게에서는 앤 인형, 앤과 다이애나 퍼즐을 구입했다. 아이는 오랫동안 빨간 머리 앤의 상상 속에서 함께 행복할 거다. 어릴 적 동심으로 돌아가 우리 부부도 앤과 길버트가 되어 같은 포즈로 사진을 찍으며 추억을 쌓았다. 아이는 엄마 아빠의 모습을 보면서 자신의 길버트도 상상한다.

어릴 적에는 레고보다는 십자 블록을 좋아하더니 초등학생이 되고부터는 레고를 즐겨 찾았다. 스티커 판을 다 붙이면 작은 레고를 하나씩 선물했는데 아이는 의외로 참 좋아했다. 평소엔 공룡에 관심이 없었는데 레고 공룡을 선물 받자 의외로 잘 갖고 놀았다. 아이는 레고를 만들어 역할놀이 하는 것을 즐겼다. 온 가족이 모여 각자의 캐릭터를 나누고 이야기를 만드는 것이 재미있다고 했다. 아이가 많이 웃을수록 진짜 재미를 느끼고 있는 거다.

아이는 손으로 하는 것을 즐긴다.

요즘엔 뜨개질에 빠져서 수세미를 만들고 있다. 아이가 만들어준 수세미로 설거지할 때면 왠지 모르게 설거지가 더 깨끗해지는 기분이 든다. 아이는 엄마의 칭찬에 뿌듯한 기분을 느낀다. 바느질로 인형 옷을 만들고 싶다는 아이에게 옷 만드는 방법을 알려줬다. 옷을 만들 때는 디자인을 먼저 한다. 바느질할 부분을 생각해 조금 더 넉넉히 재단한다. 시침질한 후 박음질로 꼼꼼하게 바느질하면 된다. 아이가 완성한 청바지는 너무나 예뻤다. 작아서 못 입게 된 청바지를 잘라 인형들의 옷으로 리폼했다. 완성된 옷을 보며 아이는 뿌듯해한다. 아이는 좋아하던 작은 옷들을 보며 누구에게 선물할지 행복한 고민 중이다. 이번엔 회색 티셔츠를 잘라 인형 티셔츠로 리폼했다. 청바지에 회색 오픈 숄더를 입은 인형의 모습이 제법 멋스럽다.

학교에서 요즘 농구를 배웠다는 아이는 농구의 매력에 흠뻑 빠졌다. 엄마 아빠와 저녁을 먹은 후 공을 들고 밖으로 나간다. 아빠는 농구 하는 법을 알려주고 아이는 제법 잘 따라 한다. 아빠가 골대로 변신하자 아이는 드리블하며 공을 넣었다. 농구 골대는 너무 높아서 공을 넣기가 힘든 아이를 위해 아빠가 집에 농구대를 설치했다. 아이는 아가 때 가지고 놀던 공으로 던지며 덩크슛을 선보인다. 이번에는 아이가 양궁에 빠졌다. 마트에 갔다가 2,000원을 주고 구입했다. 창문에 던지면 붙는 화살로 아이는 매일 저녁 양궁을 했다. 바닥에 마킹 테이프를 붙이고 1단계, 2단계, 3단계로 나눠 게임을 했다. 아이는 또 새로운 놀이에 빠졌다. 아빠는 놀이하면서 양궁선수들의 몰입에 관해 이야기해 준다. 아이도 몰입할 때 훨씬 더 잘 붙는다는 걸 알고 제법 진지하다. 여기서 한 명은 못 해줘야 한다. 아이가 느끼지 못할 정도로 엄마는 어설프게 활을 쐈다. 아이는 자신보다 못하는 엄마가 있어 더 즐겁다.

슬라임 만들기를 좋아하는 아이는 재료를 사서 직접 슬라임을 만들었다. 아이가 만든 슬라임은 제법 바품이 잘된다. 아이는 얼마나 많이 만들어봤는지 손놀림이 예사롭지 않았다. 나이 많은 엄마는 생각처럼 쉽지 않아 곤혹스럽다. 엄마 아빠가 못하니 더 좋은 아이는 엄마 아빠를 가르쳐주면서 또 다른 기쁨을 느낀다.

이처럼 아이는 다양한 놀이를 즐기면서 재미라는 것을 느낀다. 고학년이 된 아이를 위해 좋아하는 놀이를 학습과 연결했다. 낚시게임에 물고기는 단어 카드다. 단어 카드를 낚으며 단어를 외치며 익혔다. 엄마가 다 먹은 커피 컵을 모아서 그 안에 단어 카드를 넣고 볼링 게임을 했다. 넘어진 컵의 카드를 읽으면 카드를 가져갈 수 있다. 손바닥 끈끈이를 이용해 카드를 잡고 단어를 읽는다. 단어 카드를 벽에 붙여 놓고 달려가면서 제시하는 단어 카드를 먼저 뗀다. 형제가 있으면 함께 하면 효과가 훨씬 좋다. 외동인 아이는 엄마와 함께한다. 단어도 놀이를 통해서 수월하게 익힐 수 있게 되었다. 영어책만 읽어도 좋지만, 영어를 매일 사용하는 문화권이 아니다 보니 단어를 따로 암기했다. 한글책에 비해 영어책의 수준 차이가 나는 아이를 위해 엄마는 한글책에서 효과를 보았던 영어책 제목 읽기를 시도했다. 아이는 매일 영어책 제목을 읽고 엄마는 매일 영어책을 읽어줬다. 아이는 엄마와 함께하는 시간이 좋아 영어 공부도 쉽다며 또 하자고 조른다. 아이가 공부를 좋아하면 좋겠지만 그게 어렵다는 걸 알기에 싫어하지만 않게 만들자는 생각으로 엄마가 해주면 된다. 매일의 힘을 믿기에 오늘도 반복한다. 아이들은 놀면서 배우고 놀면서 자라고 놀면서 자신을 찾아간다.

오직 사랑만이

세상에 하나뿐인 나의 아이가 내 품에 다시 돌아왔다. 아이를 재우는데 나도 모르게 흥얼거렸던 노래다. 이 노래가 좋아서 아이를 재울 때마다 들려주었다.

"엄마는 겨울을 사랑해, 사랑해 사랑해 사랑해~

아빠도 겨울을 사랑해, 사랑해 사랑해 사랑해~

모두 다 겨울을 사랑해, 사랑해 사랑해 사랑해~

겨울아, 사랑해."

엄마가 들려주는 노래가 너무 좋아 엉덩이를 들썩들썩하면서 "좋다, 좋다."고 외쳤다. 세상에 단 하나밖에 없는 자장가라 우리에게는 더 특별하다. 한참 말을 배울 때는 이 노래를 흥얼거리며 "모두 다 겨울을 사랑해"

하면서 걸어 다녔다. 그 모습이 어찌나 귀엽고 사랑스러웠는지 아이는 기억하지 못한다. 그저 엄마가 들려주는 이야기에 아쉬워한다. 언젠가 타임머신을 타게 되면 자신의 어린 시절로 가서 꼬마 겨울을 꼭 보고 싶다고 말했다. 아이는 상상하며 행복해한다.

어릴 적에는 많은 추억을 담아두는 것이 좋다. 행복한 감정을 담아두지 않으면 잊힌다. 우리가 살면서 얼마나 많은 행복한 일들이 있었을까. 우리는 그것을 다 기억하지 못한다. 그 순간 행복해서 어쩔 줄 몰라 했을 뿐이다. 행복했던 감정을 남겨 두었다면 어땠을까. 그 당시 많은 영상을 남겨 두지 못한 것이 지금은 매우 아쉽다. 아이가 내 품을 떠나기 전까지 많은 추억을 담아주려고 매 순간 카메라를 켠다.

아이는 어릴 적 바쁜 아빠를 볼 수 없어 속상해했다. 아이를 위해 아빠에게 편지를 써 보자고 제안했다. 아이는 거실에 있는 큰 보드 판에 잠들기 전 아빠에게 편지를 쓴다. 보드 판에는 지렁이들이 여러 마리가 그려져 있었다. 아이는 매일 밤 "아빠, 사랑해 보고 싶어. 내일은 꼭 일찍 와"라고 썼다. 아이는 이렇게 아빠를 기다리고 또 기다렸다. 다음 날 아침 눈을 뜨자마자 아이는 보드 판으로 내 손을 잡고 달려갔다. "사랑하는 겨울아, 아빠가 어제도 많이 늦었네. 미안해 우리 겨울이가 많이 기다릴 것 같아 일찍 오고 싶었는데 그렇게 못했어. 오늘은 꼭 일찍 올게. 약속. 사랑해" 아이는 하늘을 날듯 기뻐하며 행복해했다.

책 놀이 수업 시간에 책을 읽고 인절미를 만들어왔다. 아이는 만드느라 손이 많이 아팠지만 엄마 아빠랑 먹을 생각에 사랑 100개를 넣어서 만들었다고 자랑했다. 인절미 상자 위에는 삐뚤삐뚤하게 쓴 〈아빠 사랑해 아프지 마세요. 힘내세요.〉란 쪽지가 붙어 있었다. 아이는 밝은 얼굴로 "아빠 일찍 와?"라고 묻는다. "늦게 오신다고 했는데 어쩌지." 아이가 서럽게 운다. 아빠에게는 하나도 안 줄 거라며 울고 또 운다. 퇴근 후 늦게 집에 온 아빠는 그 얘기를 듣고 마음이 아팠다. 남편의 어깨가 무거워 보였다. 남편을 꼭 안아 주었다. "괜찮아 잘하고 있어 당신" 남편이 웃으며 인절미를 먹는다. 자상한 남편은 "겨울이가 만들어준 인절미 아주 맛있게 잘 먹었어. 겨울이 사랑이 아주 많이 느껴져서 정말 좋았어. 아빠 사랑해 줘서 고마워. 아빠도 겨울이 많이 사랑해"라는 답장을 남겨 두었다.

사랑이 많은 아이는 취미가 참 많다. 요즘엔 뜨개질에 빠져서 수세미, 목도리, 모자도 뜨고 있다. 스승의 날이 다가오자 아이의 손이 바빠졌다. 궁금한 엄마는 조심스레 물어본다. "요즘 뜨개질이 재미있니?" "응 엄마 너무 재미있어. 그래서 선생님께 스승의 날 선물로 드릴 거야." 아이는 자신을 위해 애쓰시는 선생님의 마음이 보였나 보다. 엄마는 아이가 선물할 수 있도록 예쁘게 포장을 도와주었다. 선생님은 선물을 받고 장문의 문자를 보내셨다. 아이가 조막만 한 손으로 수세미를 떠주어 너무 감동하셨다고 한다. 립밤과 볼펜에도 아이의 마음이 곳곳이 묻어 있고 선물이라고 뒤에 숨겼다가 뿅 하고 보여주는데 어찌나 귀엽고 사랑스러운지 모르겠다며 바른 아이의 선생님이라서 너무 행복하다는 말씀을 전해주셨다.
선생님의 말씀에 엄마가 더 감동이다. 스승과 제자가 어쩜 이리도 닮았을까. 예쁜 마음을 나누는 모습에 절로 미소 짓게 된다. 아이는 이처럼 사람의 소중함을 알고 감사함을 표현할 줄 아는 아이다. 아이를 통해 어른들이 변화하기 시작했다. 오직 사랑 하나만으로 아이는 어른들의 마음을 움직였다.

　서울에서 합창 공연을 하고 늦은 밤 집에 도착했다. 씻으려 하는데 아이가 부른다. 아이 몸에 작은 점이 보였다. 수두를 한 적이 있어 또 걸렸나 싶어 내일 소아청소년과에 가기로 했다. 아침에 소아청소년과를 방문했다. 의사는 이리저리 보더니 소견서를 써주면서 대학병원으로 가라고 했다. 소견서에는 특발성 혈소판 감소성 자반증(ITP)이라고 쓰여 있었다. 바로 대학병원 응급실로 갔다. 응급실에 도착해 여러 가지 검사를 하더니 헤노흐 쉔라인 자반증(HSP)이라는 진단을 내렸다. 처음 들어보는 생소한 병명이었다. 소아 연령에서 가장 흔한 혈관염으로 주로 작은 혈관을 침범하고 3세~10세에 많이 발병한다고 했다. 아이가 걷지 않도록 하라고 했다. 화장실도 업고 다니라고 했다. 원인 모를 병으로 아이는 갑자기 모든 활동이 중단되었다. 30분이면 오는 거리를 1시간이나 넘겨 걸려 집에 왔다.

　아이에게는 한 달만 고생하면 된다며 안심시켰다. 아이 점심을 챙겨주고 책을 빌려 오겠다며 도서관으로 향했다. 차를 타자 쏟아지는 눈물을 감당할 수 없었다. 내가 또 욕심을 부렸나 싶었다. 그저 아이에게는 아무 일도 일어나지 않도록 간절히 기도했거늘 세상은 자꾸 나를 외면한다. 남들처럼 평범하게 사는 게 이렇게 힘들까. 코로나19로 인해 세끼를 챙기는 게 힘들어 밖에서 음식을 사다 먹었던 게 문제가 되지 않았나 싶어 미안했다. 엄마가 나태해졌다고 벌을 내리신 건가. 이런 부정적인 생각들이 나를 공격했고 견디기 힘들었다. 오늘 딱 하루만 울고 절대 울지 않기로 다짐했다.

　퇴근 후 남편이 왔다. 톡 치면 울음이 쏟아질 것처럼 보였다. 그런 남편에게 조용히 "정신 똑바로 차려야 해. 아이는 지금 상황 몰라. 아빠가 이렇게 나약한 모습을 보이면 아이는 얼마나 불안하겠어." 하며 안아 주었다. 남편은 샤워하겠다고 욕실로 들어갔다. 남편의 흐느끼는 울음소리가 물소리와 함께 섞여 들린다. 나도 안다. 남편 마음이 어떤지 하지만 우리는 부모다. 부모가 흔들리면 아이는 더 흔들릴 수밖에 없다는 사실을 알기에 나는 또 강해지려 한다. 내 감정은 내가 다스리고 지금부터는 엄마로서 힘든 시간을 잘 이겨내 보자고 다짐했다.

　인터넷으로 얼마나 검색했을까 서울○○병원이 자반증으로 유명했다. 혹시 더 나빠지면 바로 서울로 가자고 남편에게 얘기했다. 다음날 아이의 자반은 5개에서 20개로 늘었다. 남편은 일 때문에 서울에 있었다. 나는 아이 짐을 챙겨 병원 응급실로 들어갔다. 코로나19가 심각해지면서 보호자는 1명만 있을 수 있다고 했다. 내일 출근을 해야 하는 남편을 돌려보냈다. 여러 가지 검사를 했다. 응급실에서 대기하는 동안 자반은 100개 가까이 되었다. 바로 입원하란다. 10시에 도착해 새벽 4시에 병실로 옮겨졌다. 자지도 못하고 기다리기만 한 아이는 지쳐있었다. 그저 엄마는 안아줄 뿐이었다.

　다음 날, 아침부터 여러 검사가 이루어졌다. 의사는 자반 상태나 크기로 보아 장도 이와 같을 것을 염려했다. 우선 스테로이드제를 써서 자반을 줄여보자고 했다. 다른 약들도 많이 가지고 있으니 걱정하지 말라며 안심시켰다. 아이는 아무것도 먹지 못하고 링거만 맞았다. 아이가 먹지 못하는데 엄마 혼자 먹을 수 없어 함께 금식했다.

이틀째 되던 날 아이는 죽을 먹기 시작했다. 아이가 운다. 집에 가고 싶다고 한다. 아이 마음이 어떨지 알기에 "우리 조금만 더 있다 가자 엄마가 도와줄게. 우리 딸 잘 할 수 있지? 엄마가 손잡아 줄까?" 하면서 아이를 달래었다. 그래도 아이는 친구들도 볼 수 없고 답답한 병실에 종일 있는 게 싫단다. 하루 3번 주사를 맞았다. 약이 독해 주삿바늘로 들어갈 때마다 고통을 참기 힘들어 보였다. 아이는 자다가 주사를 맞기라도 하면 한동안 잠을 잘 수 없었다. 힘든 시간을 보내고 9일째 되던 날 우리는 집으로 돌아왔다.

집으로 돌아온 아이는 약 때문인지 많이 예민하고 짜증이 늘었다. 한 달 동안 식단 조절에 들어갔다. 유제품, 고기, 콩, 두유, 주스, 밀가루, 저염식, 단백질 과하지 않게, 소화 안 되는 음식, 자극적인 것 금지. 가만히 듣고 있던 아이가 "먹을 수 있는 게 없잖아." 하며 운다. 엄마는 매일 중복되지 않으면서 영양가를 채워줄 수 있도록 식단표를 짰다. 그렇게 아이 식사를 챙기고 화장실을 업고 다니며 아이를 돌보던 날들이었다. 아이는 친구들과 놀고 싶어 했다. 급성기 한 달만 조심하자며 어르고 달랬다. 아이는 이 상황이 이해되지 않았다. 다른 아이들처럼 통증이 있던 게 아니다 보니 멀쩡한 자신을 병원에서 자가 격리 시켰다며 화를 냈다. 그럴 때마다 엄마는 더 마음이 아프다.

다행히도 한 달 후 검사 결과 아무 이상이 없었다. 재발이 있을 수 있으니 긴장을 늦추지 말고 아이를 잘 살펴봐 달라고 했다. 혹 자반이 10개

이상이 되면 바로 응급실로 들어오라고 하셨다. 선생님께 얼마나 감사 인사를 했는지 모른다. 아이의 자반이 이만큼 잡힌 것만으로도 괜찮았다. 다음날 생일이었던 아이에게 선물이라도 주시듯 선생님은 고기를 조금씩 먹어보자고 하셨다. 아이에게 전화했다. 좋아하는 고기를 먹을 수 있다는 말에 아이가 행복해하는 소리가 들린다. 엄마는 다시 바빠졌다. 아이가 좋아하는 음식들로 생일상을 차려 줄 거다. 잡채, 수수팥떡, 미역국, 갈비를 만들고 떡케익을 주문했다. 자신이 좋아하는 음식들로 차려진 생일상을 보며 아이가 환하게 웃는다. 얼마나 행복한 순간이었을까. 먹고 싶은 것을 마음껏 먹는 것 또한 복인 것을 알았을 거다. 이후 아이는 엄마 등에 업혀 다니지 않고 혼자 걸어 다닌다. 다시 평범한 일상이 다가오고 있다.

어느 주말 아침 아이와 남편이 나를 깨웠다. 식탁 위에는 예쁜 도시락이 있었다. 그 위에는 아이의 편지가 놓여 있었다. 도시락을 열자 호박전, 가지전, 햄, 계란말이가 있었다. 아침부터 분주하게 준비했을 생각 하니 눈물이 났다. 편지를 읽고 이렇게 행복해도 되나 싶었다.

"사랑하는 엄마에게. 엄마, 안녕! 나 겨울이야, 엄마가 이번 시험을 잘 보면 좋겠어. 그래야 엄마 꿈을 이룰 수 있잖아. 나는 언제나 엄마 편이고 엄마를 존경해. 엄마 나를 사랑해 줘서 고마워. 나는 엄마를 많이 사랑해. 밑에 내가 지은 시 읽어봐 꼭! 매일 맛있는 거 해줘서 고마워. 그럼 안녕"
                                        – 엄마를 너무나도 사랑하는 딸 –

사랑

사랑이란 건 뭘까?

바로 따뜻한 마음이지.

그럼 내가 사랑하는 건 누구일까?

바로 엄마지.

엄마는 참 멋져.

나는 엄마의 열심히 하는 모습이

멋지다고 생각해.

존경하는 마음, 사랑하는 마음, 믿는 마음

사랑은 좋은 거야.

한없이 부족한 엄마를 이렇게 사랑해 주고 존경이라는 단어까지 써주는 아이가 있음에 얼마나 감사한지 모른다. 엄마 되길 참 잘했단 생각이 들었다. 힘들 때마다 사랑을 주면 다 해결될 거라는 믿음이 증명되는 날이었다.

아이는 내가 생각하는 것보다 훨씬 더 잘 자라주고 있었다. 아이의 간절한 바람 덕분이었을까 그렇게 공부해도 성적이 잘 나오지 않더니 졸업 마지막 학기에는 전부 A를 받았다.

언젠가 부모가 아이를 더 사랑할까, 아이가 부모를 더 사랑할까? 라는 질문을 받은 적이 있었다. 그때는 바로 답하지 못했지만, 지금은 자신 있게 말할 수 있다.

아이가 부모를 더 사랑한다.

그 아이를 통해 나는 더 멋진 어른으로 성장해 나가고 있다.

아이를 춤추게 하는 나만의 특급 칭찬법

아이는 블록을 가지고 놀고 있다. 한참 후 아이가 달려온다. "엄마 이거 봐봐" 아이의 표정이 밝다. 아이가 만든 것이 무엇인지 모르겠다. "기차? 자동차?" 아이가 웃는다. 엄마가 맞추지 못하니 더 신나 난다. "이건 하늘 자전거야" 몇 달 전 남이섬에 갔다가 탔던 하늘 자전거가 생각났나 보다. 하늘 자전거를 타면 남이섬 멀리까지 볼 수 있어서 좋다며 열심히 설명한다. 아이가 이야기할 때는 말을 중간에 끊지 않고 듣는다. 아이가 다 끝난 후에 엄마의 생각을 말해 주면 된다. "남이섬에 또 가고 싶구나." 아이는 어떻게 알았냐면 환하게 웃는다.

나의 뇌님께

뇌님, 제가 공부를 할 수 있게 도와주셔서 감사합니다.
벨리 동작을 외울 수 있게 도와주셔서 감사합니다.
노래를 외울 수 있게 도와주셔서 감사합니다.
뇌님이 좋아요!

　초등학교 1학년 때의 일이다. 자신이 쓴 글을 내밀고 확인해 달라고 한다. 확인해 달라는 말은 칭찬해달라는 말과 같다. 일기장을 펼치자 신선함, 기특함이 몰려왔다. 아이가 쓴 감사일기의 내용이다.

　8살 아이는 여러 번의 감사 일기를 쓰다 보니 더 이상 감사할 사람이 없었나 보다. 그러다 나의 뇌님이라는 감사 일기를 멋지게 쓴 것 같다. 이처럼 우리는 깊이 생각하면 생각의 틀이 깨어진다. 이때 아이에게 해 준 칭찬은 구체적인 칭찬이었다.

　"어떻게 뇌님에게 감사할 생각을 했니? 엄마는 그런 생각을 한 겨울이가 정말 멋지다. 오늘부터 엄마도 나의 뇌님께 감사하는 마음을 갖아야 될 것 같아. 좋은 글 솔직한 글을 쓴 겨울이가 정말 대단한 것 같아." 아이의 얼굴에는 깊이 생각하면 신선한 글을 쓸 수 있음을 깨닫는 순간이었다.

　다음날 하교하는 아이의 표정이 다른 날 보다 밝다. 아이는 엄마를 보자 행복한 표정으로 달려온다. "엄마, 일기장에 선생님이 글을 써 주셨어. 봐봐." 길가에 앉아 모녀는 일기장을 펼친다. 아이가 행복한 목소리로 읽어 준다.

"겨울이가 공부도 잘하고 벨리 댄스도 잘하는 이유가 뇌님이 도와주시기 때문이구나♡ 겨울이의 뇌님께 감사한 마음을 가지는 것이 기특하구나!♡"

아이는 선생님의 칭찬에 또 가슴이 벅차오르는가 보다. 이때 엄마는 놓치지 않고 그 순간의 감정을 이야기해준다.

"선생님도 엄마랑 같은 마음이 드셨네. 기특함, 놀라움, 신선함"

"엄마, 칭찬받으니깐 기분이 참 좋아."

"칭찬은 고래도 춤추게 한다는 말이 있어. 이처럼 구체적인 칭찬은 받는 사람도 하는 사람도 기분 좋게 만드는 거란다."

아이는 칭찬하는 법을 경험으로 배우며 자기만의 방식으로 칭찬해 본다.

"깊이 생각하는 것은 참 좋은 거다."

아이의 말에 모녀는 서로의 얼굴을 보며 한참을 웃었다.

코로나19는 초등학교 2학년 겨울방학에 시작되었다. 초등학교 3학년 2학기가 되어도 진행되고 있었다. 아이의 일상에도 많은 변화가 생겼다. 수업은 온라인수업으로 진행되었다. 친구들과는 휴대폰으로 소통하게 되었다. 예전같이 마음껏 학교에서 뛰어놀아야 할 아이들이 대부분의 시간을 집에서 보냈다. 아이는 등교하는 날이면 많이 설레했다. 일주일 내내 학교에 가도 좋으니까 제발 코로나19가 없어졌으면 좋겠다는 아이의 속마음을 들을 때면 마음이 아팠다.

병

갑자기 찾아온 새로운 병
이 병은 2019년에 생겼다.
지금 백신을 만들고 있다.
하지만 아직 안 만들어져
환자만 늘어간다.

아픈 사람들 고쳐야 하는데
아직 백신이 없다.
그래도 언젠간 나오겠지.
그게 내일이면 참 좋겠다.

아이가 학교에서 코로나19에 관한 시를 적어 왔다.

'그게 내일이면 참 좋겠다.' 라는 문장에서 아이의 마음이 느껴졌다. "마
지막 문장에서 겨울이 마음이 느껴지는 것 같아서 엄마는 너무 좋다. 이
런 솔직한 시는 어떤 시보다 감동적이야." 아이가 또 환하게 웃는다. 정말
내일 백신이 나오면 좋겠다. 그럼 아이는 자신의 마음이 전달되었다며 놀
라워할 거다. 이처럼 엄마는 아이가 잘한 일에 대해 솔직하면서 구체적으
로 칭찬을 하면 된다. 아이는 어떤 칭찬보다 엄마의 솔직한 칭찬을 통해

생각을 깊이 하게 된다. 엄마가 솔직하고 구체적인 칭찬을 하자 아이도 친구들에게 솔직히 칭찬한다. 엄마는 평가자가 아닌 협력자, 조력자가 되면 되듯 아이가 가는 길에 안내자의 역할을 해 주면 된다는 생각으로 나 먼저 생각의 틀을 깨기 위해 책을 읽고, 자연을 보며 생각을 깊이 해 본다.

엄마의 뒷모습을 보고 자라는 아이

아이의 눈은 언제나 엄마를 향해 있다. 아이가 말을 배우기 시작할 때 남편을 자기라고 부르면 아이도 자기라고 불렀다. 여보라고 부르면 여보라고 따라 불렀다. 아빠라고 부르자 아이는 아빠라고 불렀다. 이후 남편의 호칭은 아빠가 되었다. 어린이집에 다닐 때 아이는 집으로 돌아와 어린이집 놀이를 했다. 놀이하면서 선생님의 말씀, 행동, 표정을 똑같이 따라 했다. 집에서 이렇게 놀이하는 아이는 어린이집에 가서도 아이들과 엄마 아빠 놀이할 때 엄마 아빠를 똑같이 따라 한다. 이런 아이 때문에 어제 집에서 무엇을 먹고 어떤 놀이를 했는지 선생님들도 아신다. 아이의 행동을 알기에 선생님도 부모도 아이 앞에서 더욱 조심하게 되었다.

친정은 나의 쉼터이다. 엄마가 해주는 밥을 먹으며 쉬는 곳이다. 어느 날 아이가 질문한다. "엄마는 왜 아무것도 안 해? 할머니는 밥도 하고 청소도 하는데." 그 말을 듣자 머리를 세게 한 대 얻어맞은 느낌이었다. 아이를 보며 어색한 웃음을 지으며 "엄마가 안 하는 것처럼 보였구나." 하며 친정엄마를 도와 음식을 준비했다. 이후 나는 아이의 눈이 무서웠다. 아이는 엄마의 뒷모습을 보고 자란다는 말이 있다. 내 아이가 바르게 자라길 바라면서 이기적인 생각을 했다는 사실이 부끄러웠다. 엄마도 직장을 다니며 힘드셨을 텐데 딸아이가 편안하게 쉴 수 있도록 항상 혼자서 힘들게 음식을 준비하셨던 거다. 친정엄마와 데이트를 나간 날 엄마에게 아이가 한 말을 얘기했다. 엄마는 딸은 제대로 낳았다고 하시며 웃으신다.

아이는 따라 하기 대장이다. 엄마가 책을 읽으면 아이도 책을 읽는다. 엄마가 게으름을 피우면 옆에서 게으름을 같이 피운다. 엄마가 공부하고 있으면 자신도 옆에서 책을 펼친다. 이 모습을 보고 남편은 아이를 "엄마 미니미"라 부르며 놀리곤 했다. 이런 아이 덕분에 나는 항상 생각하고 행동했다. 아이가 있으면 바쁘게 움직였다. 내가 선택한 방법의 하나는 아이가 어린이집에 가면 그때부터 나의 시간을 가졌다. 아이가 하원 하면 엄마의 역할을 하며 모범을 보였다. 아이는 말한다. "우리 엄마는 요리도 잘해요, 우리 엄마는 만들기도 잘해요, 우리 엄마는 책도 많이 읽어주세요. 우리 엄마는 못 하는 게 없어요." 아이 눈에는 엄마가 그렇게 보인다. 한번은 시어머니가 "어미야 너는 집에서 아이 보내고 뭐하니?"라는 질문을 하셨다. 질문의 의도를 빠르게 파악하는 동안 아이가 먼저 대답한다. "할머니, 엄마 엄청 바빠요, 우리를 위해 음식도 만드시고, 청소도 하시고, 봉사도 하시고, 운동도 하러 가요." 아이의 대답에 시어머니는 더 이상 말씀을 하시지 않았다. 아무래도 건강해졌으니 이제 일을 다녔으면 하셨나 보다. 아이의 대답을 듣고 많은 생각이 들었다. 아이 눈에 비친 엄마는 집에서 쉬는 사람이 아니라 바쁘게 사는 사람이었다. 아이를 자랑하는 엄마가 아닌 아이가 자랑스러워하는 엄마가 되고 싶었다. 그걸 이루기 위해 아이를 밴 순간부터 끊임없이 노력하고 공부했다. 아이는 그런 엄마의 마음을 알기라도 하듯 항상 엄마를 자랑스러워했다. 친구들에게 나는 잘 모르지만, 엄마는 잘 아시니깐 물어보고 얘기해 준다며 엄마에게 전화한다.

아이가 4살 때 이사 온 아파트에서 나는 잠자리 아줌마로 통했다. 놀이터에 나가면 내 주변으로 아이들이 몰려들었다. 잠자리를 갖고 싶어 하는 아이들의 눈이 반짝거린다. 잠자리를 잡아, 아이들에게 나눠 줬다. 잠자리를 받아 든 아이는 순식간에 행복한 표정이다. 아이는 자신의 엄마가 친구들에게 잠자리를 잡아주는 게 너무 멋져 보이는지 표정이 뿌듯해 보인다. 이번엔 연못으로 갔다. 아이들이 따라온다. 올챙이를 잡으며 관찰하기 시작했다. 어릴 적 오빠들과 냇가에서 가재를 잡고 놀았던 것처럼 나는 아이랑 노는 걸 좋아한다. 다시 동심으로 돌아간 것 같아서 아이랑 엄마도 함께 하는 이 시간이 즐거워 웃음이 끊이질 않는다. 아이가 소리친다. "엄마, 이 친구도 올챙이 관찰하고 싶대" 컵에 올챙이를 담아 아이들에게 보여 주었다. 아이들의 눈이 반짝거리며 관찰하는 모습에 흐뭇한 미소가 절로 나온다.

더운 여름날이면 물총을 들고나와서 동네 아이들과 단체로 물총 싸움을 했다. 아이들은 집으로 들어가 물총을 챙겨 나와 함께 즐겼다. 내 아이도 다른 아이도 행복한 순간이다. 나 또한 그 순간만큼은 어린아이로 돌아간다. 온몸이 홀딱 젖고 나면 그렇게 기분이 좋을 수 없다. 주말에 아빠까지 함께하면 더욱더 박진감 넘치는 물총 싸움이 벌어진다. 엄마 아빠를 구경하는 것만으로도 아이는 즐겁다. 아이가 말한다. "엄마 아빠는 승부욕이 강해" 물총 싸움이 뭐길래 그렇게 열심히 했을까 어른이 된 후 그렇게 열심히 놀아보지 못해서일지도 모르겠다. 한바탕 전쟁을 치르고 나면 왠지 모를 시원함이 느껴졌다. 더운 여름날 온몸을 적시며 달려 본 경험은 오랫동안 우리의 추억이 되어 두고두고 이야기했다.

가을엔 나무 밑에 있는 모녀가 떨어진 낙엽을 줍느라 바쁘다. 아이가 재활용품 안을 뒤지고 있다. 여러 개의 플라스틱을 가지고 와 자연을 벗삼아 놀이했다. 아이는 요리사, 엄마는 손님이다. 아이는 주문받고 낙엽을 부스기도 하고 모양을 내기도 하며 음식을 만들었다. 플라스틱 그릇에 담아 음식이 나온다. 주변에 동그란 열매를 주워 데코를 한다. "이 음식은 저희 식당에서만 드리는 특별한 음식입니다. 하루에 딱 한 분에게만 드리는데 손님이 뽑히셨습니다." 하면서 웃는다. 엄마는 이때 너무 감동한 듯 과장된 연기를 하면 된다. 아이는 엄마의 과장된 연기에 재미있어하며 깔깔깔 소리 내어 웃는다. 아이와 놀 때는 엄마도 아이가 되어 신나게 놀았다.

집으로 돌아와서는 엄마의 역할을 했다. 아이도 엄마가 음식을 준비하는 동안 자기 일을 한다. 책을 보거나 인형들을 가지고 논다. 그 시절 아이는 십자 블록과 대형 블록을 참 좋아했다. 아이는 블록들을 이용해 기차를 만들었다. 기차에 인형들을 한 명씩 태우고 여행을 떠난다. 엄마가 아이에게 관심이 많듯 아이도 엄마에게 관심이 많다. 아이는 밥을 먹으며 인형들과 여행을 떠난 이야기를 한다. 수다쟁이 아이 뇌는 말을 하지 않는 아이 뇌보다 훨씬 활발하게 움직인다. 뇌를 많이 쓸수록 시냅스가 더 많이 연결되어 발달한다.

아이는 자라면서 듣거나 본 것에 영향을 받는다. 이처럼 경험한 것에 따라 생각도 달라진다. 서로 다른 것을 이해하지 못하면 오해와 갈등이 생긴다. 부모와 충분히 놀아본 아이들은 다른 사람을 이해하는 폭이 넓다. 엄마 아빠의 대화 속에서도 아이는 많은 것을 배운다. 부모가 서로에게 힘이 되는 존재이면 아이도 친구들과의 관계 속에서 좋은 관계를 형성한다. 이처럼 부모가 보이는 것을 아이는 자신도 모르게 습득하게 된다. 엄마는 자신의 단점을 아이가 배울까 싶어 더 조심한다. 엄마도 모르게 화를 내거나 실수했다면 솔직히 이야기하고 사과했다. 아이는 그것 또한 배우고 자신의 관계 속에 활용한다. 아이의 존재만으로 부모는 살아갈 힘이 생기듯 아이가 바르게 자라기 위해서는 부모의 노력이 필요하다. 아이의 눈이 항상 엄마를 보고 있다고 생각하자 행동에 좀 더 신중하게 되었다. 가족 모두 각자의 위치에서 자기 일을 묵묵히 해낼 때 아이도 묵묵히 자기 일을 해낸다.

제3장

엄마의 변화가
가정을 변하게 만든다

남편이 달라졌어요

그는 남을 잘 배려하고 약속을 잘 지키는 책임감이 강한 사람이다. 그와 결혼을 결심하고 처음 그의 부모님을 뵙고는 실망이 컸다. 그와는 정반대의 분들이었다. 너무나 무례하고 당당했으며 자신보다 낮은 사람은 함부로 대하는 분들이었다. 그와 미래를 꿈꿀 수 있을까 많이 고민했지만 나와 다른 그가 마음에 들기에 결혼을 결심했다.

결혼 전 나는 많은 직장을 옮겨 다녔다. 적성에 맞는 일을 찾는 게 쉽지 않았다. 그런 나와는 반대인 사람 한 가지 일을 꾸준히 하는 사람이다. 그는 좋게 말하면 신중하고 나쁘게 말하면 변화를 두려워하는 사람이었다. 나와 함께 하면서 처음 하는 것들이 많았다. 제주도 출장은 여러 번 갔지만 여행은 나와 처음이었다. 아프가니스탄으로 혼자 출장을 갔지만 배낭여행은 나와 처음이었다. 스키를 처음 탄 것도 나와 함께이다. 공연을 본 것도 나와 함께 간 것이 처음이었다.

그와 만난 지 얼마 안 되었을 때의 일이다. 항상 얼굴을 찡그리는 그는 자신의 습관을 몰랐다. 시력에 문제가 있음을 느끼고 안과에 가서 검진 후 안경을 맞췄다. 그는 이렇게 무딘 사람이었다. 자신의 분야에서만 잘하는 사람이다. 그랬던 그가 나와 살면서 스키를 탔다. 스키동호회에 가입해서 스키 강습을 받고 레벨1 자격증을 땄다. 자신의 분야에서 필요한 자격증 말고는 처음 취득한 자격증이다. 그가 레벨2 시험을 보고 쓴 글이다.

처음으로 먹고살기 위해서가 아닌 오로지 내가 좋아하는 걸 하면서 도전해 본다는 게 이렇게 즐거운 일인지 몰랐다. 정말 즐겁다. 목적은 다를 수 있지만 왜 아내가 뒤늦게 대학에 가고 많은 자격증을 따려고 하는지 이해가 좀 될 듯하다.

넘어지고 다치고 하면서 선수가 될 것도 아닌데 왜 그렇게 하냐고 하지만 결론은 그냥 재미있어서인 것 같다. 지금 뭔가 하려고 하는데 갈등이 생긴다면 그냥 해버리는 것도 좋을 것 같다. 지금이 아니면 영영 못 할 수도 있으니깐 말이다.

이번에 비록 떨어지긴 했지만 준비하는 과정이 너무 즐거워서 나누고 싶어 글을 써 본다. 이번에 함께 시험 본 사람들의 평균 나이 44.5세다. 나는 아직 좀 더 놀 수 있겠구나 싶다. 뭐 대단한 도전을 한 건 아니지만, 아는 사람들은 다 알 거다. 내가 겁이 얼마나 많은지 말이다. 저렇게 높은 곳에서 탄 것만으로도 나에게는 이미 큰 도전이다.

3년 전 유튜브로 골프를 배운 남편이 어느 날 나에게 한 말이다.

"항상 시작이 두렵고 어려웠던 나였는데 당신과 함께해서 시작이 참 쉬워졌어. 새로운 세상을 알려줘서 고마워" 이 말속에 '나 지금 행복해'를 느낄 수 있어서 좋았다. 이 말을 들으니 생각나는 일이 있다. 낯선 도시로 이직했던 남편을 따라 이사를 왔을 때 아이와 나는 아이 친구 엄마들과 사귀며 소통하고 시에서 운영하는 학부모 아카데미를 다니고 있었다. 나와 아이는 바쁜 생활을 보내고 있었다. 근데 문득 일만 하는 남편이 행복한지 궁금해졌다.

"당신 행복해?"

"자기와 겨울이가 행복하면 나도 행복해."

이렇게 잔잔한 미소를 띠며 말했다. 남편은 우리만큼 행복하지 않았던 거다. 그 당시 나는 육아를 하면서도 봉사활동을 했다. 재능기부로 가야금도 배우고 있었다. 아이는 아파트 단지 어린이집에 다니다 보니 놀이터만 가도 친구들을 볼 수 있어서 매 순간 행복했다.

그 일이 있고 난 뒤 지금도 "당신 행복해?"라는 질문을 자주 한다. 그럴 때마다 그는 환한 미소를 지으며 "응, 나 행복해."라고 대답한다. 그 대답 속에 남편이 얼마나 자기 삶을 소중히 대하며 살아가는지 느껴진다. 행복한 가정을 이루기 위해서는 부모가 먼저 행복해야 한다. 부모의 삶이 행복할 때 행복이 배가 된다.

합창단에서 아빠들의 무대를 준비하신다고 지휘자 선생님께서 말씀하셨다. 인원은 7명 선착순으로 신청받았다. 나는 발 빠르게 신청하고 남편에게 물었다.

"합창단에서 이번 공연에는 아빠들의 댄스로 준비한 깜짝 무대를 기획

중이시던데 당신도 한번 참여해 볼래?"

"막춤은 자신 있지만 내가 어떻게"

"실은 우리 아이가 첫 시작이 어렵잖아. 아빠가 노력하는 모습을 보이면 아이가 용기를 내고 좀 더 해낼까 싶어서 말한 거야. 만약 엄마들 무대였으면 내가 바로 신청할 텐데 아섭다."

아이를 위해 도전해 달라는 말에 남편은 설득되었다. 두 달 동안 일주일에 한 번씩 남편은 일이 끝나고 댄스 선생님을 만났다. 온전히 아이를 위한 일곱 명의 아빠들의 댄스 연습이 시작되었다. 방탄소년단의 '작은 것들을 위한 시'를 연습했다. 선생님에게 동작을 배우고 그것을 일주일 동안 익혀서 다음 시간까지 오는 거였다. 아이를 재우고 거실에서 보여주던 동작을 생각해 보면 지금도 웃음이 나온다. 배가 나오고 살이 찐 40대 아저씨가 방탄소년단 춤을 춘다.

공연 당일 아이들에게 들키지 않기 위해서 몰래 연습하던 아빠들은 리허설 때 자신의 아이들과 마주쳤다. 생각지도 못한 곳에서 아빠를 만난 아이들은 두 눈을 가렸다고 한다. 아빠가 왜 거기서 나와 거짓말이지 했단다. 부녀의 무대는 정말 최고였다. 각자의 위치에서 최선을 다하는 모습이 얼마나 아름다웠는지 모른다. 공연이 끝나고 아빠들은 단원들 앞에서 꽃다발을 받았다.

집으로 돌아와 다시 공연을 보는데 갑자기 영상 편지가 나왔다. 아빠가 딸에게 보내는 영상 편지다. 그동안 연습했던 과정을 아빠가 담아서 딸에게 보냈다. 어쩜 이리도 멋진 아빠일까. 아이는 아빠가 그날 참 자랑스러웠고, 고마웠을 거다. 아빠도 자신의 노력으로 아이가 한 발짝 떼는 것이 조금 쉬워졌길 바랄 뿐이다.

늘어난 대화, 깊어진 마음

아이가 태어나고 부부의 대화가 사라졌다. 모든 대화는 아이에 관한 이야기뿐이었다. 안타깝게 본 친정엄마가 아이를 봐 줄 테니 데이트를 다녀오라고 했다. 처음 데이트를 나간 날 곁에 아이가 없자 우리 부부는 이상했다. 어디를 가야 할지 몰라 그저 어색하게 동네를 한 바퀴 돌고 멈춘 곳이 바로 집 앞이었다. 어느새 아이가 없는 우리의 모습은 어색했다. 아이가 크면서 친구를 찾게 되자 부부의 시간이 늘었다. 함께 취미생활도 하며 이야기를 나누자 둘만의 시간이 이상하지 않았다. 둘이서 커피숍에 갔다. 연애 때처럼 차도 마시고 이야기를 나눴다. 남편이 당황스러웠던 연애 이야기를 한다. 철산역 앞에서 6시에 만나기로 했다. 약속 장소에 도착해 보니 내가 벌써 와 있었다고 한다. 다가가 보니 누군가와 이야기하고 있었다. 이야기를 나누는 상대를 찾아보았지만, 주위엔 아무도 없었다고 했다. 그 당시 성우 공부를 한창 하고 있을 때라 대본을 외웠을 거다. 일반인이 보기에 얼마나 이상하게 느껴졌을까. 생각만 해도 웃음이 나온다.

아이를 배고 집 앞 커피숍에서 차를 마시며 책을 보고 글로써 대화하던 시간을 떠올려 본다. 남편은 그 시절 우리는 참 젊고 예뻤다고 했다. 벌써 아이가 12살이 되다 보니 그때의 싱그러움은 사라졌지만, 서로를 믿는 마음은 두터워졌다. 부부는 살아오면서 겪은 다양한 경험들로 인하여 서로에게 보호자가 되며 어른이 되고 있었다. 처음 신혼집을 계약할 줄 몰랐던 우리는 이제 집 계약뿐만 아니라 부모로서 할 수 있는 것들이 많아졌고 능숙해졌다.

심리학을 공부하면서 정말 많은 대화를 나누었다. 가계도를 그려보면 사업하는 집안에는 사업가가 많이 나왔고, 의사 집안에는 의사가 많이 나왔다. 아무래도 보고 자란 것에 영향을 많이 받는다. 부부의 장점만 물려받기를 바라는 마음으로 아이 이름도 엄마 아빠의 한 글자씩을 넣어서 지었다. 생각과 달리 아이는 단점을 빠르게 습득했다. 나쁜 대물림을 끊는 방법은 분화 수준(성숙도)을 높이는 거다. 분화 수준을 높이기 위해서는 공부해야 했다. 분화 수준이 높은 경우는 감정 반사행동이 낮다. 감정 반사행동이 낮다는 것은 작은 일에도 쉽게 반응하지 않고 화를 내지 않는다는 거다. 남편이 이해되지 않는 행동을 했을 때 그 행동에 대해 다시 생각하게 되자 자신을 지키기 위한 행동이라는 것을 알게 되었다. 생각을 깊게 하자 남편의 마음이 보였다. 위로받고 싶은 마음을 알아채자 남편이 이해되면서 안아주게 되었다. 남편의 가계도를 그리며 정반대의 성향인 줄 알았던 남편과 나는 의외로 닮은 것이 많았다. 단지 남편은 감정을 표현하지 않았고, 나는 감정을 표현했을 뿐이었다. 우리는 서로의 아픔을 위로하고 더 나은 부모가 되기 위해 필요한 것들을 나누었다. 우선 경청하기로 했다. 귀로만 듣는 것이 아니라 눈을 맞추고, 귀로 듣고, 마음을 열기로 했다. 우리의 작은 변화가 아이를 변하게 했다. 아이는 우리가 하는 말, 행동, 표정을 자신도 모르게 습득했다.

서로가 좋아하는 일은 함께해보기로 했다. 남편은 내가 하는 공부를 이해하기 위해 40대 남성 집단모임에 참석했다. 상담 공부를 하는 사람들이 대부분이었지만 남편은 나를 위해 바쁜 시간에도 불구하고 금요일, 토요일 이틀 동안 퇴근 후 서울 집단 모임에 참여했다. 남편이 생각했던 집단 모임은 아니었지만 지금 내가 하는 공부가 어떤 것인지는 충분히 알게 되었다고 했다. 부부치료 과목은 남편과 함께 들었다. 부부는 '따로 또 같이' 해야 한다는 말에 공감했다. 각자의 일을 하다가 또 같이하는 시간을 가져야 관계가 좋아진다. 우리도 그래서였을까 드라이브도 하고 아이를 재우고 맥주 한잔하는 밤이 우리의 힘들었던 하루를 위로했다. 아이가 잠든 시간은 우리의 재충전 시간이 되었다. 그 시간에 남편은 나의 과제를 해결하기 위해 심리평가의 대상이 되어 주기도 했다. 무조건 응원하는 사람이 있었기에 공부를 무사히 마칠 수 있었다. 서로에게 힘이 되는 사이가 부부이다.

바쁜 생활을 하다 보니 함께 밥 한 끼 먹기가 어려웠다. 가족 모두 저녁은 함께 먹기로 했다. 식사 시간은 우리가 가장 많은 대화를 나누는 곳이다. 하루 동안 있었던 일들을 이야기하며 위로받았다. 다시 회사에 가야 하는 아빠를 보낼 때는 매우 아쉽지만, 아빠와 함께 밥을 먹으며 이야기를 나눈 아이는 만족해했다. 아빠도 가족들의 사랑을 듬뿍 받고 남은 일들을 해냈다. 한 1년쯤 그런 생활을 했을까 회사도 자리를 잡고 남편도 일정한 시간에 퇴근한다.

아빠의 자리는 엄마가 만든다. 엄마가 어떤 말을 하느냐에 따라 아이는 아빠를 좋아할 수도 미워할 수도 있다. 어릴 적 엄마는 아빠의 불만을 나에게 이야기했다. 그래서였을까 아빠는 나에게 참 잘해주셨지만, 그냥 미웠다. 그때의 나는 엄마의 감정과 동일시되어 있었다. 그건 엄마가 나에게는 아빠보다 중요했기에 엄마의 감정을 따라간 거다. 남편에게 섭섭한 마음은 직접 이야기를 했다. 남편도 섭섭한 마음이 들거나 불만족스러울 때는 나에게 직접 이야기를 했다. 그런 노력 덕분에 아이는 아빠를 참 좋아한다. 운동을 끝낸 남편이 아이 때문에 집에 일찍 가야 한다고 말하면 다들 믿지 않는 눈치다. 초등학교 5학년이 아빠를 찾는 집은 드물기 때문이다. 아이는 아빠와의 시간을 기다린다. 아빠와 아이는 둘만의 언어로 비밀을 만들기도 한다. 그 모습에 섭섭함을 느끼기도 하지만 사이좋은 부녀 모습에 미소 짓게 된다.

어릴 적 인형 놀이를 해주는 걸 보고 남편은 참 신기해했다. 그랬던 그가 손 인형을 들고 "치치 이것은 입에서 나는 소리가 아니야." 하며 아이랑 재미있게 논다. 아이는 아빠의 우스꽝스러운 행동에 웃음을 참지 못하고 쓰러진다. 아빠와의 놀이는 아이를 생동감 있게 만든다. 부모가 행복하면 아이도 행복하다. 부부가 소통하는 대화를 나누자 아이도 대화시간을 기다린다. 대화할 때는 무조건적 존중, 즉 비판하지 않고 무조건 상대방을 있는 그대로 인정하고 받아들이는 거다. 공감은 상대가 한 이야기에 눈 맞춤, 끄덕임, 상대가 한 말을 반복하는 거다. 진실한 마음이 깊으면 상대에게 닿게 된다.

친정엄마를 이해하게 되다

어릴 적 나는 엄마가 앉아서 쉬는 모습을 본 기억이 없다. 직장에 다니셨던 엄마는 이른 새벽부터 아침 준비를 하고 일을 나갔다. 일을 마치고 집으로 돌아와서는 바쁘게 저녁을 준비하고 식사가 끝나면 설거지와 청소를 하셨다. 엄마의 집안일은 밤늦도록 끝나지 않았다.

그런 엄마와 이야기하고 싶었던 어린 나는 항상 엄마를 졸졸 쫓아다녔다. 한번은 엄마가 마당에서 빨래하고 계셨다. 엄마 옆에 앉아 질문을 했다.

"엄마 이건 뭐야? 엄마 이건 누구 거야? 엄마 빨래하는 거 힘들어?"

"그만 좀 떠들어!"

엄마는 갑자기 소리를 지르며 옆에 있던 바가지로 나를 쳤다. 바가지가 코에 맞아 액체가 흘러내렸다. 코피였다.

엄마는 왜 그렇게 화가 나셨을까. 엄마가 되고서야 이해가 되지 않던 엄마가 이해되기 시작했다. 엄마는 삶이 너무 버거워 견디기 힘들었던 거다. 온전히 자신만의 휴식 없이 달리기만 했으니 사랑하는 아이의 질문에도 화가 난 거다. 그때 그 기억은 오랫동안 나를 아프게 했다. 엄마에게 맞은 이후 나는 코피가 자주 났다. 엄마를 향한 미운 감정을 누구에게 들킬까 싶어 마음속 깊이 꼭꼭 숨겨 두었다. 엄마의 힘듦을 이해하기에는 내 나이가 너무 어렸다.

이제 엄마라는 이름으로 12년을 살아보니 엄마의 삶이 얼마나 막막하고 고되었을지 이해가 된다. 엄마는 딸로, 아내로, 며느리로, 엄마의 역할을 다하며 묵묵히 하루하루를 버텼다. 분명 우리를 통해서 행복한 일들도 많았겠지만 좋은 일의 횟수보다 현실과 부딪히는 일들이 많았다. 그런 현실이 엄마를 더 강하고 독하게 만들었는지도 모른다. 가진 것 하나 없는 사람과 결혼해 살아간다는 것은 얼마나 어두운 터널이었을까.

부모님의 부부싸움은 대부분 돈 때문이었다. 나는 그런 돈이 싫었다. 부모님과 다른 삶, 자유로운 삶을 살고 싶었다. 어쩜 20대에 여러 직장을 옮기며 방황했던 것도 자유로운 삶의 하나였을지도 모르겠다. 엄마가 자주 하던 말이 생각난다.

"네가 하고 싶은 거 하면서 살아. 그래도 괜찮아"

그 말을 할 때면 엄마의 눈가가 촉촉해졌다. 엄마가 그토록 듣고 싶었던 말이 아니었을까. 아무도 그 말을 해주는 사람이 없어서 엄마는 그렇게 힘든 삶을 살았는지도 모르겠다. 엄마는 딸만큼은 자신과 같은 삶을 살지 않길 간절히 바라는 마음으로 그 말씀을 하셨나 보다.

엄마의 말 덕분이었을까 나는 내가 하고 싶은 일을 하며 살았다. 여행을 가기 위해 돈을 벌었고, 꿈을 이루기 위해서 돈을 벌었다. 더 행복하기 위해서 결혼도 했다. 엄마의 굳은 바람이 나를 이렇게 살아가게 해준 원동력이 되었다는 생각이 든다.

편입해 공부하던 중 나와 세상을 위한 글쓰기 수업 과제가 떴다. 주제는 〈나를 가장 슬프게 하는 것들〉이었다. 무엇을 쓸까 고민하다 친정엄마에 대해 쓰기로 했다. 엄마의 삶이 궁금했다. 엄마를 관찰하기 시작했다.

엄마는 외동딸이다. 외할머니가 자식을 더 나을 수 없게 되자 할아버지는 다른 아내를 데려오셨다. 어느 날 외할머니와 작은 외할머니가 한집에 살게 되었다. 작은 외할머니는 보란 듯이 아들만 4명을 나았다. 차별받는 외할머니를 보는 것이 너무 견디기 싫어 빨리 집을 떠나고 싶었다고 하셨다.

엄마와 아빠는 중매로 만났다. 잘생기고 탄탄한 몸에 책임감이 강해 보이는 아빠를 보고 결혼을 결심했다. 아빠는 가진 것이 하나도 없는 6남매의 장남이었다. 현실은 외모만으로는 살아갈 수 없었다. 너무나 가난했기에 엄마는 식당, 공장, 세차장, 공사장을 다니며 안 해본 일 없이 고된 일을 했다. 아이는 4명이나 낳아서 키우는 것이 버거워 첫째는 시댁에 맡겼고, 아들 두 명은 엄마가 데리고 다니고 막내인 나는 친정에 맡겼다고 했다. 힘든 시간 속에서 아빠가 대한 석공에 다니면서 꽤 많은 돈을 모았다. 우리는 태백에서 강릉으로 이사를 했다. 엄마는 나를 데리고 식당에 일하러 갔다가 끓고 있는 솥에 내가 빠지고 말았다. 힘들게 모았던 돈은 모두 나의 치료비로 들어갔다. 엄마는 그렇게 또 힘든 생활에서 벗어날 수가 없었다.

　그런 엄마의 걱정과 달리 난 꽤 상처를 잘 이겨냈다. 걱정하는 엄마의 표정을 보는 게 싫었다. 항상 집안의 분위기 메이커를 자청하며 엄마 아빠를 웃게 해드렸다. 그럴 때마다 엄마는 "부자지만 아이가 없으면 웃을 일이 없고 가난해도 아이만 있으면 웃을 일이 있다. 너희가 있어서 살았다"라고 하셨다. 돈 때문에 힘들어 투정할 때면 "괜찮다 한없이 잘해주는 남편과 세상에서 가장 소중한 딸만 있으면 못 할 게 없다."라고 나를 위로했던 게 바로 엄마다.

　그렇게 강한 엄마도 견디기 힘든 게 있었다. 바로 사회에서 더는 일자리를 주지 않을 때다. 공장에서 일하던 엄마는 정년퇴직했다. 젊은 나이에 퇴직하자 엄마는 갑자기 온몸에 힘이 빠진 듯 보였고 우울해했다. 그 마음을 몸에서 알기나 하는 것처럼 이명증이 찾아왔다. 이명증은 외부에 소리 자극이 없는데 신체 내에서 소리가 들리는 증상이다. 힘들어하는 엄마를 위해 한약을 한 재 지어 드렸다. 엄마는 한약을 안고 한참을 흐느끼셨다. 나중에 안 사실이지만 그 나이 될 때까지 한약을 지어준 사람이 내가 처음이었다고 했다. 엄마는 그 고마운 마음으로 이명증을 이겨내셨다.

　다시 강해진 엄마는 직장을 알아보셨다. 엄마 나이에 할 수 있는 일은 아파트 청소밖에 없었다. 엄마는 다시 직장인이 되셨다. 다시 밝아진 엄마를 볼 수 있게 되었다. 11명의 아주머니와 함께 일하고 밥도 먹으면서 엄마는 우리를 대학까지 가리키고 내 집도 마련하셨다. 엄마는 그렇게 평생 일을 하며 악착같이 살아냈다. 그런 엄마가 전화했다.

　"바쁘니? 엄마 오른팔이 올라가지 않는데 서울에 있는 병원에서 MRI

만 찍어봤으면 좋겠다. 시간이 될까?"

엄마의 어깨에 있는 회전근개 4개가 다 파열되었다고 했다. 엄마의 어깨는 75년을 묵묵히 엄마와 함께 살아냈고 이제 그 역할을 다하고 버텨내지 못했다. 엄마가 노후대책으로 모아놓았던 돈은 모두 치료비로 나갔다. 엄마의 얼굴은 슬퍼 보였다. 다행히 법을 잘 아시는 아빠가 계셔서 엄마는 산재 처리가 되어 산재병원으로 옮겨졌다. 그곳에서 왼쪽 어깨도 수술하셨다. 그렇게 엄마는 2년 가까이 병원 생활을 하셨다.

나이 들어 병원이라는 곳에서 살게 될 줄은 몰랐다고 했다. 인생을 돌이켜보니 그저 허무하고 서글프다고 말씀하셨다. 엄마는 운전면허증을 따지 않은 것이 가장 후회된다고 하셨다. 면허증만 있으면 어디든 갈 수 있었을 텐데 하시며 한숨을 쉬셨다. 엄마 마음이 답답해 보였다. 엄마는 살면서 어디론가 떠나고 싶었던 적이 많았던 것 같다.

엄마의 삶은 열심히, 라는 말과 참 잘 어울린다. 한번 지나간 시간은 엄마를 기다려주지 않았다. 이제 여유로운 삶을 살아도 될 것 같던 엄마는 늙었고 몸도 망가졌다. 그동안 살아온 인생이 영화의 한 장면처럼 지나가버렸다고 아쉬워하셨다. 주변에 함께 하던 친구들이 한 명씩 곁을 떠나가는 느낌은 어떨까. 아직 내 곁을 떠난 사람이 적다 보니 엄마의 마음을 온전히 이해하기는 힘들지만, 엄마도 남은 삶을 준비하고 계신 것 같다. 엄마의 얼굴을 보면 쓸쓸함이 보인다. 엄마라는 이름으로 54년을 살았다. 이제 그 엄마가 남은 삶을 웃으며 살 수 있도록 나는 엄마가 바라던 삶을 살아간다.

"엄마의 딸로 태어나서 행복했습니다. 다음 생에는 엄마가 제 딸로 태어나세요. 아무 걱정 없이 엄마가 하고 싶은 일 모두 하세요. 사랑합니다."

세상에서 가장 기억에 남을 밥상

육아로 지쳐있던 어느 날 어딘가 가고 싶었다. 아무리 생각해도 갈 데가 없었다. 퇴근한 남편을 설득해 바로 친정으로 출발했다. 10시쯤 도착했다. 엄마는 생각지도 않은 우리 방문에 반가워하며 뛰어나오셨다. 엄마는 항상 그렇듯 밥을 먹었는지를 확인했다. 급하게 출발한 우리는 저녁을 먹지 않았다고 말했다.

갑자기 엄마의 손이 바빠졌다. 엄마가 차려 준 밥상을 보자 왈칵 눈물이 쏟아졌다. 엄마의 밥상에는 봄이 와 있었다. 냉이, 달래, 된장찌개, 풋고추, 머위 볶음. 엄마가 된 후로는 항상 다른 사람을 위해 밥상을 차려 주었는데 이렇게 나를 위한 잘 차려진 밥상을 보니 정말 고마웠다. 엄마의 밥상은 '애썼다 잘했다 힘들었지'라며 나를 위로해 주었다. 쏟아지려는 눈물을 참으며 급하게 밥을 먹었다. 엄마는 천천히 먹으라고 했다. 엄마는 내가 급하게 먹어 체해서 눈물이 났다고 생각하셨지만, 그날 엄마의 밥상이 나에게 얼마나 큰 힘이 되었는지 모른다. 이후 냉이 달래가 나올 때마다 항상 엄마의 밥상이 생각난다. '엄마 그거 알아? 엄마의 어떤 말보다 그날 엄마가 차려준 밥상이 살아가는 데 참 많은 힘이 되었어. 엄마 고마워.'

살면서 좋을 때도 있고 싫을 때도 있다. 싫은 일이 생겨 상처받았을 때 내가 사랑받아 본 경험은 힘든 상황 속에서 이겨내는 힘이 된다. 엄마의 밥상은 잊지 못할 사랑이다.

내 삶을 채운 덕분에

엄마라는 이름이 생기던 순간부터 내 삶은 많은 것들이 달라졌다. 나밖에 몰랐던 내가 주변을 둘러보게 되었다. 아이라는 존재가 이처럼 강력한 존재일지는 상상도 못 했다. 나를 위해서가 아닌 온전히 아이를 위해 임신기간 내내 좋은 음식을 먹었고 좋은 것만 보려고 애썼다. 아이가 태어나서는 편안하게 해주기 위해서 관찰하고 또 관찰했다. 암 판정으로 갑자기 떨어져 살게 된 아이에게 미안했던 엄마는 그 시간을 허투루 보내지 않았다.

보육교사 공부를 하며 아이의 발달단계를 익히자 엄마의 지식도 채워졌다. 남들은 몸을 치료해야 할 시간에 공부가 말이 되냐며 혀를 찼다. 치료만으로도 힘들었을 나는 왜 공부했을까 지금 생각해 보면 힘든 시간을 견디기 위한 하나의 방법이었을 거다. 모두 생각하는 것도 다르고 경험도 다르다. 무언가에 집중하는 것이 나를 무너지게 하지 않는 방법이었다. 인공항문을 달았을 때 좌절감 속에서 나를 일으켜준 것도 아이의 존재였다. 아이와 함께 살면서는 다양한 오감 놀이를 통해 아이 발달을 도왔다. 미술 놀이를 해주고 나면 아이가 환하게 웃으며 엄지손가락을 치켜들었다. 그 모습이 너무 좋아 아이를 위해 해줄 수 있는 것들을 찾아다녔다. 아이를 위해 미싱을 배웠다. 엄마와 커플 원피스를 입고 사랑스러운 표정을 짓던 아이. 리본아트를 배워 머리핀을 만들고 아이에게 꽂아줬다. 아이가 행복해하는 모습에 엄마는 더 행복했다. 아이는 어린이집에 갈 때마다 엄마가 자신을 위해 만들어준 옷을 입고 머리핀을 꽂고 스카프 빕을 하고 갔다. 그런 날이면 아이의 발걸음이 가벼웠다.

　보육교사 실습은 6시에 끝났다. 엄마를 보지 못하는 데도 잘 참고 지내준 덕분에 자격증을 취득할 수 있었다. 그림책 마음 지도사 수업을 듣기 위해 매주 목요일 인덕원으로 갔다. 아이는 항상 응원해 주며 미소를 지어 주었다. 아이의 응원 덕분에 수료할 수 있었다. 성교육 전문 상담원 교육, 가정폭력 전문 상담원 교육을 받기 위해 4개월간 수원으로 일주일에 3일씩 갔다. 엄마가 보고 싶어 일기장에 적었던 아이 글을 보며 미안한 마음이 들었다. 잠자고 있는 아이 볼에 뽀뽀하며 아이를 한참 동안 바라보았다. 얼굴에 뽀로지가 생겼다. 아이도 엄마와 함께하는 시간이 줄어들어 힘든가 보다. 아침이 되면 아빠와 둘이 할 일을 정하느라 바빴다. 편입하고 상담 공부를 할 때 과제와 토론을 하는 엄마 옆에서 잘 썼다며 칭찬을 아끼지 않았던 아이가 있었다. 아이 덕분에 더 많은 고민과 생각을 하며 게임을 하듯이 하나씩 과제를 해결해 나갔다. 아이도 게임을 하듯 자신의 공부를 하나씩 줄여나갔다. 사회복지사 실습 기간에는 7시에 집으로 돌아왔다. 아이는 많이 자랐고 이젠 엄마의 바쁨이 좋다. 아이는 지역 아동센터에서 어떤 일을 하고 어떤 일이 있었는지를 묻는다. 엄마의 다양한 도전이 좋은 아이는 자신도 하고 싶은 것들이 많아졌다.

어느 날 잠자리에서 아이가 묻는다.

"엄마는 꿈이 뭐야?"

보통 아이들은 엄마는 꿈이 뭐였어? 라고 묻지만 아이는 현재형으로 묻는다. 그 질문에 내가 선택한 도전하는 삶이 맞는다는 생각이 확실해졌다. 지금, 이 순간을 살려고 부단히 노력했다.

"엄마는 진짜 어른이 꿈이야."

"뭐야 그럼 지금은 진짜 어른이 아니야."

"어른은 맞는데 나이 들어서 되는 어른 말고 마음이 자라고 생각이 자란 어른이 되고 싶어. 그게 바로 진짜 어른이야!"

"와 멋지다."

"엄마는 진짜 어른 같아?" 아이가 곰곰이 생각한다.

"엄마 조금만 더 노력하면 진짜 어른이 될 수 있을 것 같아."하면서 웃는다. 아이는 엄마의 부족한 부분도 엄마의 좋은 부분도 안다. 솔직한 아이의 대답에 미소 짓게 된다.

고인 물이 아니라 흐르는 물이 되고 싶었다. 빠르게 변화하는 세상에서 굳건히 버티고 있는 나무 같은 어른이 되고 싶었다. 그러기 위해서는 지금까지 내가 생각하고 있는 잘못된 생각들을 바꿔야 했다. '아는 것이 힘이다.'라는 말이 있다. 이것을 나는 '아는 만큼 행한다.'라고 바꿨다. 우리는 경험한 만큼 표현하고 받아들이며 산다. 나의 얕은 지식으로는 나의 꿈을 이룰 수 없기에 계속 도전했다. 어릴 적 나는 남을 도와주는 의사가 되고 싶었다. 중학생, 고등학생이 되어서는 선생님이 되고 싶었다. 꿈은 직업이라고만 생각했던 내가 어른이 되어 다시 공부하며 꿈은 직업이 아니라 직업 앞에 붙는 수식어임을 알게 되었다. 어떤 직업을 선택하더라도 삶에 목표가 있다면 흔들리지 않을 거다. 나의 두 번째 삶은 진짜 어른 엄마, 진짜 어른 아내, 진짜 어른 딸, 진짜 어른 강사, 진짜 어른 작가가 되고 싶다. 갑자기 생각난 이야기가 있다.

나이 많은 할머니가 편의점에 들어왔다. 할머니는 유심히 직원을 쳐다보았다. 시선이 불편했던 직원은 얼굴을 찡그렸다. 직원은 컬러렌즈를 끼고 있었다. 할머니는 환하게 웃으며 직원에게 말을 건넸다. "학생 눈에는 벌써 봄이 왔네요. 정말 예쁘네요." 자신이 생각했던 말이 아니라서 직원은 멋쩍은 미소를 짓는다. 우리는 남과 다르면 지적하는 경향이 있다. 할머니는 그 학생 그대로를 봐주신 거다. 컬러렌즈를 보고 봄으로 표현하는 그런 어른, 참 멋지지 않은가. 어른들은 젊은 사람들의 패션을 이해하지 못한다. 그 자체를 그대로 받아들이지 못하고 자신만의 틀로만 생각해 타인을 아프게 하는 말을 한다. 더 안타까운 것은 타인이 아플 거라는 것을 모른다는 거다. 진짜 어른은 말, 표정, 행동이 따뜻하다. 함께 더 이야기를 나누고 싶어진다. 진짜 어른이 많은 세상 속에서 사는 우리의 미래는 지금보다 훨씬 더 따뜻하고 행복할 거다. 나의 경험을 토대로 아이에게 말해주고 싶다.

"10대에는 학습을 통해 내가 원하는 것을 이루기 위한 힘을 키웠으면 좋겠어. 20대에는 다양한 경험을 하고, 많은 사람을 만났으면 좋겠어. 영어 공부를 꾸준히 해서 도구로써 사용했으면 해. 영어를 잘하면 많은 기회가 생기거든. 30대에는 원 없이 일하고 도전해보았으면 좋겠어. 40대에는 엄마처럼 두 번째 인생을 준비하면 돼."

먼저 가본 길이기에 아이가 조금 더 수월하게 세상을 살아가길 바라는 마음이다. 그 마음을 담아 내가 경험한 모든 것들을 나누고 전할 거다. 내가 소리 내어 입 밖으로 말을 하자 원하는 것들이 이루어지기 시작했다. 언젠가 책을 내야지 했던 내가 코로나19로 인해 조금 더 빨리 책을 내게 된 것처럼 말이다. 내가 많은 시간 생각하는 것은 뇌에서 반응하게 되어 있다. 반응을 통해 나를 도와준다. 매일 아침 일찍 일어나는 것이 힘들었지만 뇌는 안다. 내가 그 시간을 얼마나 좋아하는지 말이다. 언제부턴가 알람을 맞추지 않아도 눈을 뜨게 되는 습관이 되었다.

'덕분에'라는 말과 친해질수록 주변에 좋은 사람들이 늘어났다.

"덕분에 잘 지냅니다. 덕분에 건강해졌습니다. 덕분에 행복합니다. 덕분에 든든합니다. 덕분에 웃습니다. 덕분에 편하게 지냅니다. 덕분에 많이 성장했습니다."

내 삶을 채운 3글자 '덕분에'

생각의 전환_성폭력, 가정폭력

사회복지 복수전공을 결정했다는 말에 선배가 추천한 성폭력, 가정폭력 상담원 교육을 신청했다. 상담학과 4명이 함께 듣게 되었다. 교육은 수원에서 이루어졌다. 처음 오리엔테이션을 하던 날 깜짝 놀랐다. 20대부터 60대까지 다양한 사람들이 모였다. 현재 쉼터, 가족 지원센터, 법률 지원센터, 사회복지교육원, 석사, 박사, 군 상담사 등 다양한 곳에서 일하고 있었다. 20대 학생들은 대학을 다니며 여성 활동을 하고 있었다. 지금껏 여성주의에 대해 한 번도 생각해 보지 않은 나와 다르게 학생들은 모든 면에 적극적이었다. 강의를 듣는 동안 교재에 필기하는 나와 다르게 학생들은 노트북을 켜고 문서를 빠르게 작성하고 있었다. 문서도 정말 한눈에 들어오도록 작성을 해서 바로 수업을 나가도 손색이 없었다. 내가 대학을 다닐 때는 상상도 할 수 없었던 풍경이다. 이처럼 사회가 빠르게 발달하면서 노트북으로 내용을 정리하는 것은 그들에게는 일상이다.

　강사진들은 우리나라 여성주의 분야 최고인 분들로 구성되었다. TV 속에서 보았던 사람들을 직접 만나볼 수 있었다. 첫 번째 질문 "나는 어떻게 여성으로 길러졌는가?" 살면서 한 번도 생각해 보지 않았던 부분을 질문받았다. 할아버지와 함께 살면서 많이 들은 말은 여자는 조신해야 한다. 여자는 말을 적게 해야 한다. 여자는 늦게 다니면 안 된다. 워낙 말괄량이였던 나는 항상 사내아이처럼 뛰어다녔고, 말을 많이 해 할아버지께 여러 번 꾸중을 들었다. 두 번째 질문 "늦은 밤 여성이 길을 가다가 봉변당했다. 이것은 누구의 잘못인가" 질문을 받자 스쳐 가는 생각 '늦게 다니니깐 봉변당하지!' 이런 생각을 한 나도 깜짝 놀랐다. 가부장제에 깊숙이 물들어 있는 나를 발견하며 머리가 아파지기 시작했다. 나쁜 짓을 한 그 남성이 잘못된 것을 나는 여성이 늦게 다닌 것으로 판단한 거다. 교육을 통해 나의 잘못된 생각들을 인지하고 수정했다. 성으로써 판단되는 것이 아니라 하나의 인간으로서 존중받아야 함을 말이다.

　함께 교육을 듣던 한 선생님은 가정폭력 가정 속에서 자랐다고 했다. 엄마에게 왜 이혼하지 않느냐는 질문을 했다. 엄마는 너희들 결혼 시키고 할 거라며 때리는 아빠라도 있어야 한다고 했단다. 너무나 고통스러운 상황 속에서 엄마의 말을 이해하기에는 선생님의 나이가 어려 더 이상 묻지 않았다고 했다. 아마도 선생님의 엄마는 이혼녀로 한국 사회를 살아가는 것이 힘들고 두려웠을 거다. 선생님은 자라면서 엄마의 견딤으로 인해 더 큰 상처를 앓고 있었다. 엄마가 맞는 것을 보고도 가만히 있던 자신에 대한 죄책감 말이다. 우리는 이야기를 들으며 "선생님의 잘못이 아닙니다.

폭력을 행한 아버지의 잘못입니다." 하며 선생님을 위로했다. 자신과 같은 피해자가 생기지 않게 하기 위해 여성단체에서 자신의 목소리를 내고 있다.

한 활동가는 데이트폭력을 지속해서 당했지만, 사랑해서 그런다고 생각해 참고 결혼을 했다. 결혼 후 그의 집착과 간섭은 더욱 심해졌다. 선생님은 무섭고 두려워 아이를 두고 도망 나왔다. 아빠와 함께 사는 아들은 아빠의 영향을 받아 엄마를 미워한다고 했다. 벌써 10년이 지났지만, 아들은 찾아오지 않고 있다. 언젠가 아들이 진실을 알고 찾아왔을 때 엄마가 당당하게 사는 모습을 보여 주고 싶다고 말하는 그녀의 얼굴에 아들이 많이 보고 싶음을 느낄 수 있었다. 가정폭력은 왜 사라지지 않을까. 맞고도 견디고 있는 피해자의 문제인지 매번 때리고 사과하는 가해자의 문제인지 알 수 없다. 미국은 배우자(데이트 관계 포함) 뺨을 때리는 폭력이 발생했을 때 피해자의 진술만으로 가정폭력이 있었다는 상당한 근거를 인정해 경찰은 가해자를 체포할 수 있다. 피해자 보호조치로 가해자 주거 퇴거를 할 수 있다. 한국에서 가정폭력이 줄어들지 않는 이유는 가정폭력에 대한 처벌이 약해 부부싸움으로 판단하고 서로 원만하게 해결하길 원한다. 피해자가 처벌을 원치 않으면 가해자에게 상담 교육 시간을 제안하는 것이 전부다. 이 교육도 잘 이수 하지 않는 것이 가해자다. 여성의 전화는 가해자를 대변하지 않고 피해자를 위해 대변한다. 다양한 상담과 법률을 연계하고 있다. 누구나 어려움을 겪고 있다면 도움을 받을 수 있다. 교육받지 않았다면 생각해 보지 않았을 부분이다.

온 국민이 분노했던 아동학대 사건은 우리에게 많은 생각을 하게 했다. 너무나 예뻤던 아이는 16개월이라는 짧은 삶을 살고 떠났다. 양모가 잘못을 저지르도록 방관한 사회의 책임도 크다. 입양 후 꾸준한 관심을 보였다면 아이의 죽음을 막을 수 있었을 거다.

아이에게 해 주고 싶은 한마디

'꽃같이 예뻤던 아이. 하늘에서는 편안하게 지내길 바란다. 어른들이 지켜주지 못해서 미안해.'

아이를 키우는 엄마로서 한 아이가 생을 마감했다는 소식에 얼마나 울었는지 모른다. 어른들이 조금 더 관심과 사랑을 가졌다면 그렇게 짧은 생을 살지 않았을 텐데. 내 일이 아니니까 하는 안일한 생각이 이 같은 사건을 만들었는지도 모르겠다. 입양특례법에 따르면 아동의 권익과 복지를 증진하는 것을 목적으로 한다고 명시되어 있지만 지켜지지 않았던 거다.

코로나19 이후 코로나19와 우울감을 합쳐진 신조어인 코로나 블루가 생겼다. 코로나로 인해 일상에 큰 변화가 닥치면서 생긴 우울감, 무력감이 늘었다. 이후 코로나 레드, 코로나 블랙이라는 단어까지 생겼다. 소통하지 못하자 많은 사람이 아파하고 있다. 이들을 돕기 위해 새로운 언택트 시대가 열렸다. 나 역시 친구들과 한 달에 한 번씩 온라인으로 소통하며 맥주도 마시며 살아가는 이야기를 나눈다. 오래된 친구들과 시간을 갖고 나면 힘들었던 마음도 조금은 말랑말랑해진다.

한 초등교사는 아이를 가스라이팅 하지 말라는 말을 했다. 가스라이팅 (상대를 조정하는 것)은 연인 간에 많이 쓰는 단어이다. 부모와 자녀 간의 사이에 적용했다. 아이가 부모의 뜻대로 되지 않으면 엄마는 실망감을 표현하며 자신이 원하는 대로 아이를 조정하는 것이 가스라이팅과 다르지 않다고 했다. 삶은 부모의 것이 아니라 아이의 것임을 다시 한번 강조하는 이야기였다. 아이 스스로 자기 삶을 살 수 있도록 부모는 응원과 격려를 해주고 아이가 힘들 때 쉴 수 있는 쉼터가 되어 주면 되는 거다.

어느 날, 진짜 선생님이 된 엄마

주말부부를 하던 우리는 남편이 있는 지역으로 이사를 했다. 낯선 동네, 낯선 사람들 속에서 우리는 하루하루를 잘 지내고 있었다. 우연히 맘카페에 올라 온 글에 시선이 멈췄다. 전문 봉사자를 구한다는 공고였다. 보육교사, 정교사를 가진 사람은 누구나 지원 가능하다고 했다. 해당하는 사항이 없었는데도 그냥 가슴이 막 뛰면서 서류를 내고 싶은 강한 이끌림을 받았다. 그나마 갖고 있던 동화 구연 자격증과 아이를 얼마나 사랑하는지를 어필했다.

서류를 보내고 얼마나 지났을까 합격 문자와 함께 교육 날짜가 적혀 있었다. 그게 뭐라고 새로운 곳에서 왠지 모르게 좋은 일들이 생길 것 같은 기분이 들었다. 아이를 어린이집에 보내고 복지관에 갔다. 많은 선생님이 계셨다. 단체 소개와 함께 어떤 일들을 하는지 설명을 들었다. 선생님들과 이야기를 나누면서 깜짝 놀랐다. 어린이집 원장님을 하셨던 분, 유치원 선생님, 다들 자격증을 갖고 계시고 경력이 많으신 분들이 대부분이었다. 처음엔 기가 죽었지만 나도 할 수 있다는 근거 없는 자신감이 나를 위로하고 있었다.

인형극은 5명이 한 팀이 되어서 어린이집, 유치원에 방문한다. 무대도 5명이 함께 설치한다. 1명이 사회를 보면서 녹음된 파일을 틀면 나머지 네 명의 봉사자들은 무대 뒤에서 자신이 맡은 인형들을 가지고 바쁘게 연기를 한다. 한 사람당 3명 정도를 맡았다. 팔을 높이 들고 계속 있어야 해서 팔이 끊어질 듯이 아프지만 혼자가 아니라 함께 좋은 일을 하고 있다는 뿌듯함에 봉사하고 온 날이면 행복했다. 봉사는 일주일에 1~2번 정도라서 일상생활에 지장이 없어 더 좋았다. 그렇게 나는 새로운 곳에서 새로운 선생님들을 만나고 좋은 변화로 세상을 조금씩 바꿔 나가고 있었다.

아동 성폭력 예방 교육 수업도 했다. 인형극 신청에 어려움이 있는 경우에는 이처럼 유치원, 어린이집에 반별로 들어가서 성교육이 진행되었다. 아이가 다니는 어린이집에서 신청했다. 간사님께 부탁드려 그곳은 내가 나가기로 했다. 엄마가 아니라 선생님으로 어린이집을 방문하는 발걸음이 설레고 떨렸다. 평소보다 옷과 화장에 더 신경을 썼다. 원장님과 선생님들은 나를 보자 깜짝 놀라셨다. 아이가 수줍게 웃고 있다. 엄마를 자랑스러워하고 있음을 느낄 수 있었다. 원장님은 수업을 마음에 들어 하셨고 선생님으로서 탐난다는 좋은 말씀도 해주셨다. 그날 많은 추억을 담아주신 선생님들 덕분에 아직도 아이와 그 사진을 보면서 이야기를 나눌 수 있다.

　다음 해에 우리는 조금 더 시내 쪽으로 이사를 했다. 어린이집을 다니다가 유치원으로 옮겼다. 유치원에서 인형극으로 수업 요청이 들어왔다. 아이는 새로 간 유치원에서 엄마를 볼 생각에 들떠 있었다. 강당에는 200명이 넘는 아이들이 모였다. 아이들 속에 내 아이가 나를 보고 있다. 이날은 사회 보는 날이라서 아이의 행복해하는 미소를 충분히 볼 수 있었다. 아이가 인형극을 보고 그린 그림에는 엄마가 자랑스러웠음이 느껴졌다. 엄마는 그저 자기의 일을 성실히 해내며 살아가면 된다. 아이는 그런 엄마를 보며 부지런히 자라는 중이다.

　아이의 초등학교 입학이 다가왔다. 초등학교가 궁금했던 엄마는 학교에서 진행되는 다른 수업을 알아봤다. 때마침 학교 폭력 강사를 모집하고 있었다. 엄마는 아이와 함께 또 성장하기 위해 새로운 도전을 시도했다. 교육을 이수하고 학교 폭력 예방 강사로 학교에 처음 방문했을 때를 잊을 수 없다. 친절하게 맞아주시는 선생님들, 나의 수업을 집중하며 들어주는 아이들, 우리는 40분 동안 그렇게 소통했다.

　한번은 수업 중 한 아이가 울고 있었다. 학교 폭력 수업을 얼마 하지 않았던 나였기에 당황했다. 하필 담임선생님도 계시지 않아 어쩔 줄 몰라 하며 나는 그저 지나가면서 그 아이 어깨를 가볍게 두드려 주었다. 수업이 끝나고 그 아이를 다시 만났다. 아이는 왕따 경험이 있었는데 그때 생각이 나서 눈물이 났다고 했다.

　이처럼 피해자는 절대 잊을 수 없는 것이 학교 폭력이다. 그 아픔이 무뎌질 때까지는 많은 시간이 필요하다. 겪지 않았으면 좋았을 일이지만 아이는 겪고 말았다. 아이는 많이 단단해졌지만, 아직도 많이 아파 보였다. 학교 폭력은 발생하기 전에 반드시 예방 교육이 필요하다. 내가 지금 하는 작은 일들이 큰 변화가 되리라 믿으며 나는 오늘도 수업에 간다.

코로나로 인해 2020년에는 내가 나갈 만한 수업이 없었다. 아이도 엄마도 힘든 시간을 보냈다. 엄마의 일상에도 많은 변화가 생겼다. 온라인 수업 요청이 늘었다. 컴퓨터 활용 능력이 부족하지만, 변화를 받아들이지 않으면 빠르게 변화하는 시대에 따라 갈 수 없기에 엄마는 또 시도했다. 간사님께 온라인 수업 모니터링을 부탁드렸다. 간사님과 수업 중에 일어날 수 있는 여러 상황을 연습했다. 아직 수업 나가기 전 삼일이라는 시간이 있었다. 그동안 집에서 연습해 보고 안 되면 센터에 나가서 수업하기로 했다. 조작은 간사님이 해주시고 나는 수업만 진행하는 걸로 했다. 저녁을 먹고 온 가족이 모였다. 남편과 아이와 함께 컴퓨터, 태블릿 PC, 휴대폰 3대를 켜고 온라인 수업을 연습했다. 화면이 끊어지지 않고 잘 넘어가는지 소리는 잘 들리는지 테스트를 여러 번 해보았다. 그러자 할 수 없을 것 같던 수업이 할 수 있을 것 같다는 생각으로 바뀌었다.

온라인 수업하는 첫날. 접속에 문제가 발생했다. 화상회의에 들어가 수락하기를 기다리고 있었는데 선생님이 수락하시지 않는 거다. 수업 시간이 점점 다가오자 불안한 생각이 들었다. 얼마나 떨리던지 평소 땀을 흘리지 않는 나의 손에 땀이 흥건했다. 담당 선생님과 통화를 하고 상황을 말씀드렸다. 선생님은 화면에 내가 뜨지 않는다고 하셨다. 선생님은 급하게 새로 방을 개설하고 아이들을 새로운 방으로 초대하는 상황이 벌어졌다. 20분이나 늦게 아이들을 만났다. 남은 20분 동안 아이들과의 수업은 핵심만 이야기해주고 끝냈다. 2교시에는 1교시에 문제가 있다 보니 조금 늦게 아이들을 만났다. 처음 진행하는 온라인 수업이라 어떻게 수업했는지 기억이 나지 않는다. 3교시에는 마음이 많이 안정되었다. 아이들과 준비한 자료를 충분히 보면서 많은 이야기를 나누었다.

이 일을 통해 나는 언택트 시대에 첫발을 내딛게 되었다. 내가 할 수 없다고 포기했다면 어땠을까? 온라인 수업이 들어올 때마다 매번 두려웠을 거다.

지금은 자신 있게 말할 수 있다.

"온라인 수업은 제가 다 할게요."

그때의 감정들을 잊어버리지 않기 위해 메모장에 감정들(두려움, 당혹스러움, 만족스러움, 미안함, 해냈다는 기쁨)을 적어 두었다.

강사는 2021년 기준 전국에 718분이 넘게 계신다. 그중 나와 같은 센터에 근무하시는 분들은 43명이다. 그 많은 강사 중 평범한 1명이지만 나로 인해 아이들이 조금 더 행복해지기를 바란다. 우리가 살아가는 것도 이와 다르지 않다. 생각지도 못한 일들의 연속이다. 그 일을 해낼 때, 해내지 못했을 때 우리는 많은 것을 그 속에서 배우고 깨닫는다. 자신에게 주어진 일을 피하지 않고 받아들이는 것만으로도 충분히 성장하고 발전할 수 있다. 봉사로 시작했던 나는 이제 당당히 선생님으로 불린다.

화내지 않고 대처하는 법

바쁜 아침 시간 아이는 혼자 신발을 신겠다며 신발과 씨름을 하고 있다. 아이를 지켜보는 엄마는 답답하다. 신겨줄까 말까를 고민하는 엄마. 한참을 씨름하더니 드디어 아이는 신발을 신었다. 아이의 표정이 만족스러워 보인다. 조금만 아이가 늦게 신었다면 나는 신발을 신겨 주었을 거다. 그럼 아이는 짜증을 내거나 울면서 어린이집에 갔을 거다. 신발을 신겨주지 않고 지켜보길 잘했다며 자신을 칭찬했다. 아이가 블록 놀이를 하며 짜증을 내고 있다. 조용히 다가가서 아이를 지켜본다. 블록을 살짝만 옮기면 쉽게 들어갈 것 같은데 아이는 쉽지 않아 보였다. 대신해줄까 말까를 여러 번 고민하는 사이 아이는 블록을 조립했다. 아이의 얼굴은 해냈다는 기쁨으로 더 환해졌다. 종이컵으로 조심조심 탑을 쌓고 있다. 갑자기 불어온 바람에 컵이 와르르 무너졌다. 아이의 얼굴이 울상이 되었다. 아이는 다시 탑을 쌓는다. 엄마는 조용히 창문을 닫아 준다. 아이가 이번에 꽤 높이 탑을 쌓았다. 그 순간 탑이 와르르 무너졌다. 아이가 울면서 컵을 던진다. "탑이 자꾸만 넘어져서 속상하구나." 아이는 울면서 고개만 끄덕인다. "어떻게 하면 좋을까?" "엄마랑 함께해볼 거야." 아이와 함께 아이 키보다 더 높이 쌓았다. 아이는 컵이 무너질까 봐 숨도 쉬지 않는 눈치다. 엄마의 하나, 둘, 셋 소리에 맞추어 아이는 달려가 온몸으로 무너뜨린다. 아이의 웃음소리가 방 안 가득 울려 퍼진다.

입학 후 아이에게서 컬렉트콜로 전화가 왔다. 수화기 너머 아이는 울고 있었다. 친구들이 자기를 피해 다닌다고 했다. 힘들었던 아이는 도움이 필요했다. 학교에 갈 수 없는 엄마는 아이가 전화해 준 것에 고마웠다. "많이 놀랐겠다. 얼마나 당황스러웠을까." 아이는 엄마가 자신의 감정을 읽어주자 울음이 점점 줄어들었다. 아이는 "엄마 나 이제 수업 들어가야 해"하며 전화를 끊는다. 어제는 친했던 친구들이 오늘 나를 피해 다닌다면 정말 놀라고 당황스러울 거다. 아이가 자라 학교라는 곳에서 독립된 생활을 시작했다. 유치원은 선생님들이 살갑게 챙겨주시지만, 학교는 스스로 해야 하는 것들이 대부분이다. 아이가 하는 말을 들으면 아이가 원하는 것이 보인다. 아이의 말과 표정을 놓치지 않으려고 애썼다. 이후 여러 번의 전화가 왔지만 아이는 2학기가 되자 전화하지 않았다. 학교란 곳에 잘 적응했나 보다. 한 친구가 자꾸만 아이의 물건을 달라고 했다. 아이는 자신에게도 하나밖에 없어서 안 된다고 했다. 여러 번 아이의 물건에 관심을 보였던 친구는 이후 아이를 따돌리고 아이와 친한 친구들한테도 함께 놀면 같이 놀지 않겠다고 했다. 아이가 힘들어한다. 엄마가 나서야 할 순간이다. 고민 끝에 담임선생님과 통화를 했다. "선생님, 요즘 아이 학교생활은 어떤가요?" "네, 여러 명의 친구와 친하게 지내고 있습니다." "다행입니다. 아이 친구 중 한 명이 아이를 따돌린다고 하던데 혹시 모르니 한번 확인해 봐주셨으면 좋겠습니다." 다음날 하교한 아이가 환하게 웃으며 집으로 들어온다. 친구와 오해가 있었다고 했다. 아직 어린 저학년 아이들은 친구 관계에서 문제점을 잘 해결하기 어렵다. 어른들이 조금만 관심을 두고 도움을 주면 스스로 자신의 문제를 해결해 나갈 수 있다.

아이와 공부방을 함께 쓰고 있다. 책, 연필, 공책이 자기 자리를 찾지 못하고 바닥에 어지럽혀 있은 지 여러 날이 되었다. 어떻게 말을 해야 할지 고민이 되었다. 매번 대신 청소해 줄 수도 없고, 좋은 방법이 없을까 고민하다 무심한 척 툭 말을 건넸다.

"엄마 시험이 얼마 남지 않았는데 집중이 잘 안되어 걱정이야. 책이 옆에 쌓여 있으니깐 신경도 쓰이고 엄마가 집중할 수 있도록 도와 줄 수 있을까?"

아이는 알겠다며 인심을 쓰는 듯 방을 정리한다. 순식간에 방이 깨끗해졌다.

"와! 고마워 엄마를 위해 정리해 줘서"

아이는 이 정도쯤이야 하듯 우쭐한 표정을 짓는다. 아이에게 야단치는 대신 '나–전달법'을 사용하자 아이는 엄마를 위해 자신이 도와주었다는 기쁨에 뿌듯해한다.

길을 가다가 아이가 "엄마, 저 개 좀 봐!" 하고 외친다. 아이의 시선과 목소리, 표정을 빠르게 확인한 후 아이가 가리킨 쪽을 보자 개 한 마리가 있었다. 개와 점점 가까워지자 아이의 표정이 바뀐다. "개가 무섭니?" "응" "그럴 수 있어. 사람마다 성격이 다른 것처럼 좋아하는 동물도 다르게 느낄 수 있어" 아이의 마음을 알아차리자 아이는 표정이 밝아졌다. 상담 책에 보면 적극적인 경청을 반영적 경청이라는 말로 설명하고 있다. 아이의 말, 태도, 신체적 표현을 관찰한 후 적극적 피드백을 해준다. 아이는 엄마의 말이 맞으면 긍정의 대답을 해 주며 그렇지 않다면 부정의 대답을 할 것이다. 아이가 도움을 요청할 때는 하던 일을 멈추고 적극적으로 반영적 경청을 했다. 아이는 힘들고 속상할 때 스스로 해결해 보고 안 되면 엄마를 찾았다. 때론 엄마의 포옹이, 침묵이 도움이 될 때도 있다. 엄마는 아이가 보내는 메시지를 충분히 관찰하고 관찰한 부분을 언어로써 표현해 주면 된다. 아이는 엄마처럼 자신을 충분히 들여다보는 경험을 통해 자기감정 읽기를 습득하게 된다. 감정 읽기가 잘되면 나답게 살기가 훨씬 쉽다. 부모는 자주 아이의 눈을 들여다보며 아이의 마음을 들여다보며 언어화해주면 된다. 아이의 마음을 읽기 위해 아이의 눈을 유심히 본다.

낮은 자존감 높이는 방법

20대 방황하던 나는 혼자 훌쩍 여행을 떠났다. 그곳에서 진짜 하고 싶었던 것이 성우라는 사실을 발견하고 벅차오르던 가슴을 잡고 하염없이 기쁨의 눈물을 흘렸다. 서울에 직장과 숙소, 성우학원을 알아보았다. 서울에 직장이 구해지자 현재 직장에 사표를 냈다. 팀장님은 안 될 게 분명한데 서울로 올라가는 것은 무모하다고 하셨다. 그 말이 나를 많이 아프게 했지만 나는 도전해 보고 싶었다. 스물아홉이라는 늦은 나이에 서울 상경이기에 더 열심히 직장과 학원을 병행했다. 시간이 흐를수록 팀장님의 말은 맞아떨어졌다. 나의 목소리는 너무 흔했다. 점점 지쳐갈 때 포기 대신 다른 방법을 찾아보았다. 그게 바로 연극이었다. 한 번도 연극을 해보지 않았던 내가 성우라는 꿈을 위해 직장인 극단에 입단했다. 그곳에서 밤늦게까지 연습하고 고민하던 시간은 성우의 꿈을 더 가깝게 해주지는 못했지만 나를 한 발짝 더 성장하게 했다. 생각했던 대로 되지 않을 때마다 나는 포기 대신 도전을 선택했다.

　엄마가 되어서도 임신부터 무엇 하나 쉽게 이루어지는 게 없었다. 포기하지 않고 주어진 상황 속에서 최선을 다했다. 노력은 절대 배신하지 않는다는 믿음 하나로 포기하지 않았다. 기다리던 아이가 나를 찾아왔을 때의 기쁨은 느껴본 사람은 분명 알 거다. 온 세상이 다르게 보이고 나만 비추는 기분 말이다. 아이와 함께 지낸 10달 동안 엄마는 세상에서 가장 좋은 사람이 되었다. 아이를 낳고는 정말 이보다 강할 수 없을 정도로 단단해졌다. 지켜야 할 아이가 있음은 여자에서 엄마로 만들어줬다. 아무것도 못 했던 작디작은 내가 무엇이든 해내는 엄마가 되었다. 육아로 힘들 때면 힘을 내 긍정에너지를 끌어냈다. 아이가 자라자 엄마가 아닌 나라는 존재를 다시 찾고 싶었다. 그럴 때마다 나만의 시간을 확보했다. 아이를 재우고 나만의 시간을 가져보기도 하고, 아침 시간을 가져보기도 했다. 일관성 있게 확보되지 않는 시간이지만 틈이 날 때마다 기록했다. 기쁨, 사랑, 슬픔, 분노, 고통 등 다양한 감정을 의식적으로 적었다. 내 마음을 알아주고 달래주고 놓아주자 신기하게 화라는 감정이 스르르 가라앉았다. 감정은 일시적이다. 자신이든 타인이든 책이든 나의 감정을 알아주기만 하면 진정되었다. 감정을 알아차리자 삶이 조금 더 편안해졌다. 엄마가 편안해지자 가족들도 편안해졌다. 서로 감정 찾기 게임을 하듯 감정을 읽어주며 서로의 감정을 알아차렸다.

　자기만의 루틴이 있는 것도 좋다. 척도를 1~10까지 정한다. 1, 2단계일 때는 기분에 맞는 음악을 들으며 상황을 다시 회상해 본다. 어느 부분이 불편했는지를 찾아가다 보면 불편했던 감정들이 해결되었다. 커피 향을 맡으며 자연을 보는 것 또한 가벼운 문제를 잊게 해줬다. 3, 4단계일 때는 조금 더 강력한 비트의 음악을 들으며 폭풍 청소를 했다. 청소기를 밀 때까지만 해도 화가 나 있었지만, 걸레질할 때쯤이면 마음의 평온을 찾을 수 있었다. 집안까지 깨끗해져 있으면 다시 일상으로 돌아갈 수 있었다. 5, 6단계일 때는 차를 타고 어디론가 달렸다. 30분 이상 고속도로를 아무 생각 없이 달리다 보면 감정이 진정되었다. 검색해서 근처 중고 서점에 들러 장바구니에 담아 두었던 책들을 구입해 돌아오면 왠지 모르게 풍성 해진 기분이 들었다. 감정에 치우치지 않고 내 감정을 내가 온전히 해결 함으로써 나는 점점 단단해지고 있었다. 타인에게 휘둘리지 않고 나만의 길을 나아갈 수 있었다. 7단계 이상일 때는 휴대폰, 노트북에 나의 감정을 아무 생각 없이 기록했다. 그렇게 몇 장을 쓰다 보면 마음이 진정되고 신 기하게도 해결 방법이 보였다. 마흔 살까지만 해도 감정의 노예로서 살았 지만, 엄마가 되고 다양한 경험을 하고 심리 공부를 하면서 나는 나를 누 구보다 더 잘 알게 되었다.

살아가면서 자신만의 케렌시아(안식처)를 갖는 것은 좋다. 나의 케렌시 아는 바다다. 바다를 보고 있으면 그렇게 시원하고 편안하다. 잔잔한 파 도는 조용히 나를 위로했고, 거친 파도는 방황하고 있는 나를 힘내라고 더 힘차게 소리치는 것 같았다. 그래서일까 맨발로 백사장을 걷는 것을 좋아한다. 바다가 살짝살짝 발을 적시는 느낌이 좋다. 좋을 때나 힘들 때 면 제일 먼저 바다를 떠올린다. 지금은 코로나로 자주 찾을 수 없게 되자 바다 그림책을 보기도 하고 영상을 보기도 하며 에너지를 충전한다. 이처 럼 자신의 케렌시아를 갖고 있으면 재충전할 수 있다. 어떤 일을 하더라 도 활동과 휴식을 병행해야 한다. 그렇지 않으면 어느 순간 회의를 느끼 고 좌절한다. 좌절이 너무 깊으면 우울증이 찾아올 수도 있음을 많은 경 험을 통해 알기에 나는 오늘도 나를 탐색한다.

제4장

엄마의 습관이 아이를 키운다

메모, 머리를 믿지 말고 메모를 믿는다

세 번의 수술 이후로 기억력이 많이 떨어졌다. 이런 나에게 휴대폰은 없어서는 안 되는 물건이다. 아침 4시 반부터 알람이 울린다. 일어나 7시까지 책을 읽거나 글을 쓴다. 7시에 알람이 울리면 아침을 준비한다. 아침 8시면 우유 꺼내기, 자가 진단 알람이 울린다. 배달된 우유를 꺼내는 것조차 잊어버리기 일 수였던 나는 알람 덕분에 이제는 잊어버리지 않는다. 그 이후 일정에서도 한 시간마다 물 마시기 알람도 울린다. 물을 잘 마시지 않는 아이와 나를 위해 설정해 두었다. 아이의 학원 일정은 파란색으로 저장되어 있다. 나의 일정은 초록색으로 되어 있다. 코로나 이후 아이 학습까지 챙기다 보니 알람 설정이 더 복잡하다. 코로나로 파닉스를 엄마와 함께 마스터 하고 이제는 단어 암기와 영어책 읽기를 하고 있다.

공부를 위해서도 메모는 필수다. 책을 읽다가 마음에 드는 문장은 사진을 찍어서 나만의 자료밴드에 수집한다. 생활하다가 문득 떠오른 생각들은 메모장에 기록한다. 무심코 하늘을 본 어느 날 구름 속에서 친정엄마가 보여 전화를 건 적도 있다. 친구와 통화를 할 때도 항상 메모지를 옆에 둔다. 기억해 두고 싶은 말은 적어 둔다. 친구는 자신의 이야기를 기억해 주는 나를 고마워했다. 누군가 자신의 이름을 기억하고 불러줄 때 기분이 좋은 것처럼 자신의 이야기를 귀담아들어 주면 고마운 거다. 그걸 알기에 더 자세히 듣기 위해 나에게 있어 메모는 좋은 도구다.

아이에게 자주 하는 질문이 있다. 공부는 왜 하는 걸까? 두뇌를 골고루 발달시키기 위해서다. 10세가 되면 우리의 뇌는 성인의 뇌와 90%나 동일하게 발달한다. 그 뇌를 충분히 발달시키지 않으면 발달이 멈춘다. 뇌는 많이 쓸수록 더 많이 발달하므로 이 시기의 아이들은 다양한 경험을 해야 하는 것이다. 같은 책을 보고도 아이는 금방 기억한다. 나는 몇 번을 읽어야 기억된다. 이처럼 성인의 뇌는 기억력이 많이 떨어진다. 메모하지 않으면 기억하지 못하는 것들이 더 많아짐에 나를 믿기보다는 메모를 믿는다. 모든 일정을 적고 다른 색으로 표시한다.

메모한 후 좋은 것은 아이와의 약속, 집안 행사, 남편과의 약속 등을 잊는 횟수가 줄었다. 아주 사소한 것도 메모하는 습관을 들이자 아이는 스스로 공부 계획도 잘 짠다. 자신이 할 것을 적고 끝났으면 하나씩 체크한다. 이처럼 메모 습관은 자기주도학습의 기본이 된다. 아이가 성장하면서 부모의 품을 떠나 스스로 할 때 자신만의 규칙을 세울 수 있는 아주 좋은 기초가 된다. 무엇인가를 시작할 때 계획을 짜야 하듯 메모는 그런 계획을 좀 더 체계적으로 짤 수 있도록 도와준다.

메모를 잘하면 공부도 쉽다. 요즘 4학년만 되어도 배움 노트를 사용한다. 실제로 학교로 수업을 나가보면 아이들이 선생님이 하는 말들을 기록하고 있는 모습을 쉽게 볼 수 있다. 메모 습관은 노트 정리를 간략하게 할 수 있도록 도와준다. 색깔별로 중요내용을 표시할 수 있고 우선순위를 정할 수 있다. 자신이 무엇을 알고 모르는지를 알기에 도움이 된다.

책을 읽을 때는 항상 공책과 펜을 준비한다. 책을 읽다가 마음에 드는 문장은 메모해서 적어 둔다. 적어둔 글을 나만의 자료밴드에 올린다. 이렇게 나는 눈으로 책을 읽고 손으로 쓰면서 읽고 글로 작성하며 세 번을 읽는다. 그러고 나면 그 책의 내용이 고스란히 내 것이 된다. 밖에 나갈 때 미처 책을 가져가지 못했을 때는 나만의 자료밴드를 보면서 내가 읽은 책들을 다시 한 번씩 읽어본다. 장기기억으로 저장하기 위해서 노력한다. 이렇게 해도 40대의 뇌는 쉽게 기억하기 어렵다. 공부는 때가 있지만 나이를 먹었다고 해서 못 할 것도 없다. 백세를 사신 한 철학가는 나이는 숫자에 불과하다는 사실을 보여주고 있다. 아직도 정신이 명료하고 많은 이들에게 살아오면서 느꼈던 많은 것들을 전한다. 각자가 경험한 이야기는 어떤 책 못지않은 감동과 깨달음을 준다. 코로나 시대로 사람들과 소통이 어려워지면서 책을 더 가까이 하자 나의 메모습관이 바빠졌다. 매일 글을 쓰고 생각한다. 글을 쓰면 쓸수록 느는 것처럼 생각도 하면 할수록 잘못된 생각을 바로 바꿀 수 있다. 말을 하기 전 생각을 조금 더 오래 했을 뿐인데 아이는 자신의 마음을 읽었다며 좋아한다. 엄마가 한 일은 아이를 그저 지켜보았을 뿐이다. 아이가 하는 말과 행동 속에서 아이가 지금 원하는 것이 무엇인지를 기록했을 뿐이다.

　가족이 자주 하는 놀이는 이구동성 게임이다. 자장면 vs 짬뽕 '짬뽕!' 떡볶이 vs 순대 '순대!' 국어 vs 수학 '국어!' 빨간 머리 앤 vs 작은 아씨들 '작은 아씨들!' 이처럼 때론 음식, 책, 운동, 친구 등 다양한 주제로 게임을 하다 보면 아이가 요즘 어떤 걸 좋아하는지 알 수 있다. 아이에게 직접 물어보는 것도 좋지만 이와 같이 놀이를 통해 아이는 자신의 속내를 드러낸다. 아이뿐만 아니라 남편 근황도 관심사도 알 수 있다. 몸으로 말해요. 게임도 즐겨한다. 아이와 함께 가족들의 이름을 적는다. 아이는 열심히 몸으로 표현하고 부모는 맞춘다. 정답을 듣고 집안 가득 웃음 향기가 퍼진다. 아이가 표현한 행동을 보며 부모의 모습이 어떻게 비치는지 알 수 있다. 부모도 문제를 내면서 내 아이를 내 가족을 다시 한번 깊이 생각해 보게 된다. 가족은 기쁠 때나 슬플 때나 언제나 내 편인 사람이다. 그 사람들이 있기에 오늘도 나는 메모를 한다.

운동, 행복한 삶을 위해 자신과 타협하지 않는 방법

수술 이후 나의 삶은 많은 것들이 바뀌었다. 무리하지 않으면서 매일 할 수 있는 운동을 찾기 위해 고민했다. 수영, 자전거, 산책이 적당하다고 판단했다. 바닷가 근처에 살다 보니 물과 참 친했다. 어릴 적에도 항상 냇가에서 가재도 잡고 미꾸라지도 잡았다. 커서는 친구들과 바닷가에서 파도 타며 조개 잡는 것을 즐겼다. 지금도 아이와 함께 매년 휴가는 친정으로 간다.

수영을 선택한 것은 물은 나의 오래된 친구이기 때문이다. 물 위에 힘을 빼고 누워 있으면 마음이 편안해진다. 머릿속이 복잡할 때면 잠수해서 나를 시험하기도 하고 물 위에 누워서 생각을 정리하기도 한다. 매일 일정한 시간에 하는 운동은 삶을 좀 더 규칙적으로 만들어 줬다. 아이를 어린이집에 보내고 나는 운동을 하러 간다.

운동하고 나면 왠지 모르게 건강해졌다는 생각을 갖게 한다. 그 기분이 좋아서 매일 센터에 갔다. 자유형으로 30분 동안 반복해서 질주하다 보면 내가 수영을 하는지 몸이 수영하는지 알 수 없다. 운동은 생각하지 않고 스트레스를 최소화하며 그냥 하는 거다. 배영은 누워서 하다 보니 여유가 있어서 좋다. 평영은 바닷가에서 하기 좋은 수영법이다. 깊은 곳에서도 평영만 하면 재밌게 놀이를 즐길 수 있다. 얼굴을 밖으로 내밀고 수영하면 호흡이 자유롭다. 실제 생존하기 위한 영법은 평영이 가장 적합하다.

접영은 어쩌면 도전적인 것이 나와 닮았다. 수영 중 내가 가장 좋아하는 영법이지만 가장 어렵긴 하다. 물을 끌어당겼다가 위로 높이 올라오면서 물속으로 깊이 들어갈 때의 쾌감은 정말 짜릿하다. 바닷가에서는 오리발을 끼고 물 만난 물개처럼 이리저리 돌아다닌다. 내가 운동을 하면서 꼭 잊지 않는 것이 있다. 바로 운동은 힘들어도 매일 한다. 가서 10분이라도 했으면 한 거다. 이렇게 나만의 루틴을 만들고 작은 성공 경험이 쌓이다 보면 어느 순간 달라진 나를 발견한다.

수영을 가지 못하는 날이면 자전거를 타고 동네를 한 바퀴를 돈다. 이어폰을 끼고 그날 기분에 맞춰 음악을 들으며 달린다. 즐거운 날에는 나의 페달도 빠르게 돌아가고 우울한 날엔 페달도 천천히 돌아간다. 오르막길은 힘들어 페달에서 내리고 싶지만 조금만 더 가면 내리막길이 있는 것을 알기에 힘을 내 본다. 내리막길을 내려오면서 바람이 스쳐 가는 느낌이 너무 좋다. 바람이 간지럼을 태우는 느낌이 들면서 좋은 에너지가 나온다. 그 느낌이 좋아 몇 번이나 오르막길에 올라간 적도 있다. 자전거 타기는 내 인생과 참 많이 닮아서 좋다.

몇 해 전 자전거 영화를 우연히 보게 되었다. 달리고 싶다는 장애아들의 말에 철인 3종 경기(수영 3.8km, 자전거 180km 마라톤 42km)를 아버지가 함께 나가게 된다. 아버지와 아들의 도전으로 매일 이루어지는 연습시간이 즐겁다. 아버지처럼 하면 부모와 자식 간에 갈등이 줄어들 것 같다. 작은 일에도 칭찬 자주 하기, 자주 외출하기, 가족들의 의사 존중하기 영화는 재미가 있으면서도 진한 감동을 전한다. 가족이 함께하면 불가능도 가능하게 만든다. 언제가 될지는 모르겠지만 나도 철인 3종에 도전해 보고 싶다는 생각을 갖게 했다. 목표가 생기자 자전거 타기가 더 즐겁다.

아이와 함께 매일 산책을 한다. 엄마이다 보니 아이와의 시간도 중요하다. 저녁을 먹고 온 가족이 아파트 단지를 돌면서 이런저런 이야기를 나눌 때 진짜 행복을 느낀다. 요즘엔 배드민턴, 농구, 줄넘기하면서 우리 가족만의 루틴을 만들었다. 아이는 이 시간을 참 좋아한다. 아이가 자랄수록 함께 할 수 있는 것들이 많아졌다. 배드민턴을 함께 쳐도 아이가 제법 받아치다 보니 훨씬 재미가 있다. 어떨 때는 나보다 더 잘 쳐서 놀라기도 한다. 이처럼 아이는 빠른 속도로 엄마의 체력을 따라온다. 부모와 함께한 시간이 많은 아이일수록 긍정적인 에너지가 많다. 부모에게서 느낀 만족도로 아이는 자기 삶을 살아가면서 힘든 일들을 이겨내는 데에 사용한다.

아이에게도 살면서 꼭 운동하기를 권했다. 아파봤던 엄마이다 보니 아이가 건강한 삶을 살아가기를 바란다. 저학년 때는 줄넘기를 했다. 지금은 강한 운동을 하면 안 되어 골프를 한다. 코로나로 인해 생존수영을 배우지 못해 지금은 주말마다 수영을 다니고 있다. 아이의 실력은 조금씩 늘고 있지만 엄마는 안다. 꾸준히 하다 보면 언젠가 확 느는 날이 있음을 말이다.

오늘도 아이는 미안한 표정으로

"엄마 발차기가 쉽지 않아 음파도 몇 초밖에 못해."

"괜찮아 어제보다 더 오래 했네. 다음 주엔 더 잘되겠지." 하며 쿨한 척한다. 아이는 웃는다.

엄마가 쿨해야 아이도 쿨할 수 있다는 걸 알기에 엄마가 먼저 변화한다. 엄마의 모든 것들을 관찰하는 아이가 있어 엄마는 오늘도 생각하며 말하고 행동한다.

건강한 몸은 그동안 쌓은 운동의 결과이다. 어떤 결과를 얻길 원한다면 자신이 원하는 것을 습관으로 만들면 된다. 습관을 바꾸자 운명이 바뀌었다는 말이 있다. 한번 도전해 볼 만한 가치가 있지 않은가. 지금 나는 운명을 바꾸는 중이다.

독서, 세상에서 제일 좋은 친구

늦은 나이에 나를 낳으신 부모님은 참 많이 사랑해 주셨다. 가난했지만 마음만은 풍성했다. 고생하는 부모님을 걱정시키고 싶지 않았던 나는 항상 부모님을 웃게 해 드리고 싶었다. 부모님이 행복하면 나도 행복했던 어린 시절. 그 시절을 되돌아보면 어린 내가 짠하다. 나이 차이 많은 남매에게 나의 마음을 털어놓기 힘들었다. 그저 괜찮은 척, 좋은 척했던 나는 항상 외로웠다.

책은 힘들어하는 나를 위로했다. 혼자여도 괜찮다며 생각을 조금 바꾸면 될 뿐이라고 했다. 주인공처럼 모든 것을 긍정적으로 상상해 보자 그렇게 외롭지 않다는 생각이 들었다. 누군가에게 이야기하기 위해 비밀 친구를 만들어 일기를 매일 썼다. 덕분에 상상력이 풍부한 아이로 자라게 되었다. 다양한 책을 보며 무엇이든 할 수 있다는 생각이 들었다. 그래서

일까 도전은 나에게 그렇게 어렵지 않았다. 직접 경험한 것은 나를, 더 많이 성장하게 했다.

책을 읽으며 나이 차이가 적은 언니나 여동생이 있었으면 좋겠다고 생각했다. 10살 많은 언니는 나를 돌봐주는 이였지 나의 고민을 함께 나누지는 못했기 때문이다. 그 당시 나는 소통에 목말라 있었나 보다. 책장을 넘길 때마다 미소 짓게 하던 그녀들. 특히 당차고 씩씩한 캐릭터를 좋아했다. 주인공이 슬퍼하며 힘들어하는 모습은 나의 모습과 참 많이 닮아 있었다. 엄마가 된 후 다시 읽은 책에서는 엄마의 감정에 더 많이 공감했다. 딸아이를 위로하면서 40년 동안 자신의 성격을 고치려고 노력했지만, 완전히 극복하기보다는 잠재우는 데 성공했을 뿐이라고 말하는 엄마. 나의 단점을 알기에 그 말이 더 많이 와닿았는지도 모르겠다.

읽지 못했던 고전 책 중 가장 많이 추천한 책을 읽기 시작했다. 처음엔 내용이 너무나 어려웠다. 이 책을 왜 읽는지 모르겠다는 생각이 들었다. 두 번째 읽을 때는 인생이 이와 같음을 알게 되었다. 한 사람의 인생을 적은 이야기를 통해 내 삶을 어떻게 바라보고 살아야 하는지를 알게 되었다. 이것이 고전의 힘이다.

나는 책을 읽으면서 공감받고 다른 사람들도 나와 특별히 다르지 않음을 생각하면서 주어진 내 삶이 그리 나쁘지 않음을 깨달았다. 책은 이처럼 나를 다시 돌아보게 하는 힘이 있었다. 심심할 때의 책은 나와 대화를 나누듯 이야기를 건넸다. 전래동화를 읽고 있으면 외할머니가 옛이야기를 들려주시는 느낌이 들어서 좋았다. 20대가 넘어서는 에세이를 좋아했다. 나의 인생에 대해 고민이 많았기에 조언을 듣고 싶어 책을 가까이했다. 인생은 뭘까 어떤 직장을 찾아야 할까 어떤 삶을 살아가야 하는지 고민했다. 나보다 먼저 살아본 사람들의 생각과 조언은 나를 좀 더 깊이 생각하게 했다. 내가 가보지 않은 길을 대신 가보며 경험한 것들을 아주 자세히 적어두었다. 그들이 있었기에 내가 바른길로 걸어갈 수 있었다.

우리는 빠르게 변화하는 사회 속에서 다른 사람의 인생에 관심이 없다. 사회적 동물인 우리가 그들과 함께 살아갈 때 나도 그도 더 행복함을 말해 준다. 아나운서는 내 안에 나밖에 없다면 가난한 삶이라고 했다. 가난하게 살지 않기 위해서는 함께 공존해야 한다. 그 말을 듣고 한참 생각에 잠겼다. 함께 더불어 살아갈 때 내 삶이 더욱 윤택해 짐을 다시금 느끼게 했다. 책을 읽기 위해 시간을 만드는 나를 볼 때면 잘하고 있다고 칭찬해 주고 싶다. 아나운서까지는 안 되겠지만 많은 이들을 만나 그들의 이야기를 들어주고 싶다. 우선은 내 가족 이야기부터 귀를 기울여보려고 한다. 부모님, 친구들, 이웃, 동료 모든 이들의 이야기를 듣다 보면 삶의 깨달음을 얻게 될 거다.

처음 엄마가 되고서 아무것도 모를 때도 책을 통해 아이를 어떻게 키워야 하는지를 배웠다. 이후 육아용품도 책을 통해 추천받아 구입했다. 나는 책과 함께 아이를 키웠다. 지금도 아이와 함께 책을 읽으며 소통한다. 올바르게 질문하기 위해 질문에 관한 책을 읽고 질문법을 연습했다. 행복한 가정을 만들기 위해 감정코칭에 관한 책을 읽으며 감정을 알아차리고 공감하게 되자 아이는 위로받았다. 공감 언어를 통해 아이는 자신의 감정을 있는 그대로 바라보게 되었다. 부모가 해주는 언어는 아주 강력한 힘을 지니고 있기에 잘 알고 제대로 사용해야 한다. 책의 중요성을 믿으며 매일 책을 읽어주었고 10년이 지나자 그 효과가 나타났다. 아이에게 독서 시간을 확보해 주기 위해서 노력했다. 엄마도 아이도 매일 독서 시간을 갖자 아이도 안다 그 시간은 책을 읽으며 쉴 수 있다는 것을 말이다. 책은 나의 고민을 하나씩 해결해 주었다. 읽어도 답답함이 해소되지 않은 날에는 그림책으로 힐링했다. 그림을 보면서 관찰력을 키웠다. 아이와 엄마가 같은 책을 읽어도 마음에 드는 장면은 달랐다. 이처럼 우리는 각자의 생각이 다름을 알고 서로를 인정해 주는 법은 책을 통해 익혔다.

글쓰기_ 나를 만나는 시간

글을 쓴 기억은 일기가 전부였던 나에게 본격적으로 글을 쓰게 된 계기가 있었다. 사춘기 때 나는 누구인가를 고민하면서 답답한 마음을 나눌 친구가 필요했다. 주위엔 함께 놀고 이야기하는 친구들이 많았지만, 마음을 나눌 수 있는 친구가 한 명도 없었다. 우연히 책을 읽고 나만의 친구를 만들기로 결심했다. 비밀일기장의 이름은 '스누피'로 지었다. 매일 스누피와 일상을 주고받는 글쓰기가 본격적으로 시작되었다. 키가 작은 나를 땅콩이라고 놀리는 친구 때문에 속상한 마음을 적다 보면 어느새 스누피가 나를 위로하는 느낌까지 들었다. 살림이 넉넉지 않았던 엄마는 사촌 언니들이 입던 옷을 물려받아 나를 입혔다. 생일날 선물로 새 옷을 사주셨다. 행복한 감정을 글로 마음껏 적으며 오랫동안 남겨 언제든 다시 보고 싶을 때 펼쳐보았다. 큰집이라 항상 사람들이 많이 모여 나만의 공간을 갖고 싶다는 글도 적었다. 그 시절 스누피는 나의 가장 친한 친구였다.

중학교 시절에는 스누피만큼 서로의 일상을 주고받는 친구가 생겼다. 친구에게 스누피라는 이름을 붙여주고, 친구는 나에게 또또라는 이름을 지어주며 서로의 고민을 나누었다. 공부를 어떻게 하면 잘할 수 있을지, 자꾸 몰려드는 잠을 물리치는 방법은 무엇이 있을지, 일만 하는 부모님에 대한 미운 점까지 나누었다. 우리는 서로에게 힘이 되면서 긍정의 에너지를 주고받았다. 함께 같은 고등학교를 가지는 못했지만, 이후에도 계속 편지를 주고받으며 서로에게 힘이 되어 주었다.

대학교에 가면서는 글을 쓰지 못했다. 학과 공부와 아르바이트로 인해 글을 쓰는 여유를 갖기 힘들었다. 그때는 책도 거의 읽지 못하고 목표를 위해 열심히 달리기만 했다. IMF로 취업도 힘들어지면서 나의 20대는 방황의 연속이었다. 직장을 여러 곳 옮겨 가며 나에게 맞는 직장을 찾기 바빴다. 답답한 마음을 안고 홀로 떠난 배낭여행에서 그동안 잊고 있었던 꿈을 찾게 되었다. 바로 꼭꼭 숨겨둔 성우라는 꿈이었다. 꿈을 찾았다는 기쁨에 한없이 울었다.

나는 꿈을 향해 바빠졌다. 서울에서 다닐 직장을 구해야 했다. 살 집도 필요했다. 그동안 모아놓은 돈이 적다 보니 걱정이 이만저만이 아니었다. 서울에는 여성들이 살 수 있는 기숙사를 운영하고 있었다. 지방에서 올라와 지낼 곳이 없는 28세 이하 여성들이 지니는 곳으로 최대 4년까지 살 수 있었다. 29살에 올라온 나는 이곳에 턱걸이로 합격이 되어 살게 되었다. 낮에는 직장에 다니면서 성우 아카데미에 다니며 공부했다.

그때부터 나의 글쓰기는 다시 시작되었다. 매일 연습했던 대본을 읽고 느꼈던 나의 감정들을 적은 글이었다. 지방에서는 나름 목소리가 괜찮다는 소리를 많이 들었지만, 학원에 가보니 나의 목소리는 너무나 평범했다. 재능이 부족했지만, 노력으로 1년을 공부했다. 주변 동생들이 합격 소식을 전할 때마다 견디기 힘들었다.

우연히 인터넷을 검색하던 중 직장인 극단이 있음을 알게 되었다. 직장인 극단에 입단하게 되었다. 그곳에서 3편의 작품을 했고 무대에 올랐다. 연기를 실제로 해보자 성우 공부에 도움이 많이 되었다. 목소리의 떨림도 줄어들었지만 연기를 하면 할수록 성우에 재능이 없음을 더 절실히 느끼게 되었다. 결혼과 공부 사이에서 나는 결혼을 결정했다. 결혼하면서부터 나의 글쓰기 횟수는 점점 늘어갔다.

결혼이라는 것은 다른 문화를 가진 두 집안이 만나게 되는 거다. 완벽주의가 있던 아버지 밑에서 자란 나는 모든 물건이 깔끔하게 정리되어 있어야 했다. 반면 남편은 바쁘면 못 하고 넘어갈 수도 있다는 주의였다. 생각이 다르다 보니 신혼 때는 잦은 다툼이 일어났다. 3개월 동안 꾸준히 맞춘 덕에 서로 건드려야 하지 않아야 하는 부분에서는 존중해 주기로 했다. 이후 우리의 결혼생활은 편안해졌다.

글쓰기는 누군가에게 절대 얘기할 수 없는 것들을 말할 수 있었다. 섭섭한 마음, 속상한 마음, 우울한 마음을 적었다. 다 적은 글을 보면서 삭제키를 누르면 나쁜 감정들이 함께 지워졌다. 이와 같은 행동을 반복하자 불편했던 감정들이 사라졌다. 속상하게 만들었던 직장동료, 남편, 가족을 보아도 다시 웃을 수 있었다. 나에게 있어서 노트북은 없어서는 안 될 존재가 되었다. 나의 감정 쓰레기통인 글쓰기는 나를 위로하고 치유했다. 행복한 날에도 글을 썼다. 그 순간을 오랫동안 기억하고 싶어서였다. 나쁜 감정을 지우기 위해서 글을 썼고, 좋은 감정을 오래 기억하기 위해서 글을 썼다. 글쓰기만큼 내가 즐겨하는 것이 또 하나 있다. 바로 사진 찍기다. 사진 속에 있는 나는 참 행복해 보였다. 예쁜 표정과 예쁜 옷을 입고 웃고 있었다. 아마도 스마트폰이 나오면서 사진을 바로 볼 수 있다 보니 못 나온 사진은 지워버려서 그럴 수도 있겠다. 반면 글 속에 나는 항상 고민하고 우울해하고 힘들어했다. 그때의 감정을 알아주는 것 또한 나의 글이었다. 신기하게도 글은 쓰면 쓸수록 내 마음을 알아주고 위로했다.

　많은 과제 속에서 정신없는 시간을 보내고 있었다. 아이가 다가와 함께 머핀을 만들자고 했다. 공부하기 전의 나는 '엄마가 공부하는 것을 봤으면 머핀 만들자고 하면 안 되는 거지' 하며 아이를 야단쳤을 거다. 공부한 후의 나는 "엄마랑 함께 시간을 보내고 싶구나. 근데 어쩌지 엄마가 이번 주에 해야 할 과제가 조금 많은데 이번 주말에 함께 만들면 안 될까?" 하며 아이의 마음을 먼저 위로했다.

　글을 쓰면서는 내가 자주 하는 말 습관을 알아차리게 되었다. 타인이 어떤 때에 불편함을 느끼는지 알게 되었다. 글은 이처럼 내가 무심코 지나쳤던 일들을 알아차리게 해준다. 아이를 양육하면서 가장 중요한 것 중 하나가 알아차림이다. 알아차림을 잘하면 아이가 편안하다. 자신은 기저귀를 갈고 싶은데 엄마가 우유를 먹인다면 아이는 불편함을 느끼고 더 크게 울음을 표현할 것이다. 울음을 표시해도 엄마가 알아주지 않는다면 아이는 그냥 포기할지도 모른다. 이처럼 엄마에게 있어서 가장 중요한 영역 중 하나가 알아차림이다. 알아차림은 잘하기 위해서는 관찰을 잘해야 한다. 아이를 오래 관찰하다 보면 어떤 표정을 짓고 어떨 때 좋아하는지 알 수 있다. 나를 알아차리기 위해서는 나를 유심히 들여다보아야 한다. 나를 유심히 들여다보는 방법의 하나가 글쓰기다.

매일 아침 시간은 나를 들여다보는 시간이다. 이 시간에는 책을 읽기도 하고 글을 쓰기도 한다. 자녀교육과 에세이를 주로 읽고 있다. 자녀교육은 아직 가보지 않은 길을 미리 알려주기에 읽는다. 자녀교육 30권을 읽으면 전문가 못지않은 지식을 가질 수 있다. 에세이는 내 감정에 따라서 다가오는 말이 다르다. 그 순간의 느낌을 충분히 느끼고 싶어서 읽는다. 글을 쓰는 이유는 아침을 맞이하면서 나에게 온전히 집중하고 싶어서다. 어떤 날은 새소리가 너무 좋아서 글을 쓰고, 빗소리가 좋아서 글을 쓴다. 너무 더운 날은 더운 날에 대해서 글을 쓴다. 글을 쓰다 보면 혼자서 손이 움직임일 때가 있다. 움직임에 정신이 들어서 혼자 웃기도 한다. 그 느낌이 좋아서 매일 일어나는지도 모르겠다. 아침 시간은 변수가 없어서 좋다. 모두 잠든 시간 조용히 타자 소리만 들린다. 왠지 모를 생동감이 느껴진다.

난 이런 내가 참 좋다

행복은
생각을 조금만 바꾸면 되는 거다.

어릴 적 난 면허증을 따기 위해
하루 3시간만 자고 학교생활과 학원을 병행했고,

운동을 잘하고 싶어서 아침 6시에 일어나
남들보다 더 열심히 노력하며 나의 단점을 보완했고,

문득 TV 속 광고를 보며
훌쩍 여행을 떠나 보기도 하는 충동적인 행동을 하기도 하고,

갖고 싶은 차를 사기 위해 적금을 깨기도 하고,

보고 싶은 영화, 연극, 콘서트를 본다는 설렘으로
잠을 설치기도 하고,

1일이면 한 달 계획을 멋지게 세워
멋진 한 달을 이룰 수 있다는 자기 주문을 외우기도 하고

책을 스승 삼아 조언 듣기를 좋아하고

꿈을 찾았다는 기쁨에
가슴 벅차서 한없이 울기도 하고

자전거를 타고 바람의 느낌을 담기 위해
몇 시간씩 달려보기도 하고

수영으로
물과 내 몸이 하나 됨을 느껴보기도 하고

어떨 땐 온종일 아무 생각 없이 잠을 자기도 한다.

이렇듯 내 멋대로이지만
난 이런 내가 참 좋다.

서른 살 때 쓴 글.

예전에 쓴 글을 남편이 수술이 잘 되길 바라며 SNS에 올렸다.
"당신은 이런 사람이에요. 이런 당신이 참 좋아요."
글은 이처럼 오래 남겨진다. 오늘도 나는 글을 쓴다.

공부_ 많은 양을 하기보다 적은 양을 매일 하기

건물을 지을 때도 설계도가 필요하듯 공부에서도 마찬가지로 계획이 필요하다. 한 권의 책을 끝내기 위해서 나는 매일 얼마의 양을 공부할 것인지를 생각해 보아야 했다. 마흔이 넘은 나이에 다시 대학을 편입하면서 엄마, 강사, 학생의 역할을 해내기 위해서는 시간활용이 중요했다. 일주일의 식단을 아이와 함께 미리 짰다. 아침을 토스트, 콘플레이크를 먹을 때는 상관없지만 한식을 원할 때는 전날 밤에 미리 국을 끓여놓고 밑반찬을 두 개 정도 준비했다. 바쁜 아침 시간에는 데워서 먹을 수 있도록 했다. 강의가 대부분 오전에 있다 보니 아이가 하교할 시간에는 엄마의 수업도 끝난다. 오후엔 아이가 먹을 수 있도록 떡, 빵, 과일 간식을 준비해 뒀다. 아이가 간식을 먹는 동안 아이가 하는 이야기를 들었다. 아이 공부를 봐주고 4시 반부터 저녁 준비를 해서 6시에 저녁을 먹었다. 온 가족이 함께 게임도 하며 시간을 보내고 8시부터는 독서 시간을 가졌다. 9시쯤 잠자리에 들어 아이에게 책을 읽어주고 누워서 도란도란 이야기를 나누었다. 아이는 잠자리에 들어 많은 이야기들을 했다. 어떤 날은 좋았던 일, 속상했던 일, 신기했던 일, 재미있었던 일 등 다양한 이야기를 하면서 잠을 청했다. 그러다 조용하면 잠이 든 거다. 한 5분 정도 더 누워 있다가 방문을 닫고 나온다.

아이가 잠든 이후의 시간은 나만의 시간이다. 학생 신분으로 돌아와 오늘 들어야 하는 강의를 2시간 정도 듣는다. 열심히 메모하고 밑줄도 그으며 나름 중요한 부분을 표시한다. 표시한 부분을 정리해서 주방에 붙인다. 심리학 공부는 많은 심리학자의 이론을 기본적으로 익혀야 한다. 처음엔 외우고 잊어버리기를 반복했다. 어떻게 하면 오랫동안 기억할까를 고민하다가 찾은 방법이 바로 이미지트레이닝이다. 집안에 들어오는 순간부터 심리학자들을 만났다. 신발장 오른쪽에는 에릭슨의 심리사회발달이론 8단계가 있고 왼쪽엔 프로이트의 심리성적발달이론 5단계가 있다. 소화기가 있는 신발장엔 안나 프로이트의 방어기제 16가지가 있다. 중문을 열고 들어오면 바로 보이는 방 침대는 피아제의 인지발달이론, 피아노는 보울비의 애착이론이다. 복도 벽에 해바라기 그림은 아들러의 개인심리학의 성격이론이 있다. 결혼사진은 도날드 위니컷의 대상관계이론이 있다. 팬트리는 융의 분석심리이론이다. 아이책상은 스키너의 행동주의 이론, 엄마 책상은 반두라의 사회학습이론, 아이 책장은 피아제의 인지발달이론, 엄마 책장은 콜버그의 도덕성 발달 6단계, 거실 소파는 칼

로저스의 현상학 이론. TV는 매슬로의 인본주의적 이론의 5단계, 주방은 도날드 위니컷의 대상관계이론이다. 내가 가장 좋아하는 사티어 모델의 빙산 메타포는 창밖의 풍경이다. 시간이 날 때마다 이미지트레이닝을 하자 집을 떠올리면 여러 심리학자가 생각났다. 이처럼 나만의 방식대로 공부했다. 또 다른 것을 암기할 때는 책상에 앉아 생각하면서 하나하나 위치를 정하며 암기했다. 이렇게 암기한 것들은 더 오래 기억할 수 있었다. 공부는 이해한 후 필요하면 암기해야 한다. 그 암기 방법을 나에게 맞춰서 오래 기억할 방법을 선택했다. 강의를 듣고 나면 에빙하우스의 망각곡선에 따른 복습 주기처럼 1시간 학습 후 10분 동안 복습했다. 다음날 다시 한번 2~4분 정도 복습했다. 일주일 후 다시 복습하고 한 달 뒤 복습을 하면 단기기억에서 장기기억으로 저장이 되었다. 다시 말해 127302 학습법이라고 기억했다. 1일, 2일, 7일, 30일에 2분씩 복습하면 장기기억으로 넘어가서 오랫동안 기억을 유지할 수 있다는 말이다.

공부할 때 계획, 실행, 반성의 루틴을 만들자 아이도 엄마가 하는 공부법을 따라서 한다. 함께 각자의 공부 계획을 짜고 실행했다. 어떤 날은 무리하게 계획을 해서 다 하지 못하는 날도 있었다. 엄마는 아이에게 부담스럽지 않으면서도 꾸준히 갈 수 있는 양 조절을 추천해 준다. 아이는 자신의 생각한 양과 엄마의 조언을 토대로 자신의 학습량을 정한다. 모든 과목을 매일 할 수 없으므로 요일을 정해 계획을 잡았다. 다음엔 공부하기 전에 어제의 학습을 돌아보고 오늘 계획을 세워본다. 처음엔 하루의 계획을 세워보고, 습관이 잡히면 일주일의 계획을 세워보았다. 이후엔 한 달의 계획을 세워보았다. 아이는 자신이 계획대로 된 날도 있고 안 그런 날이 있음을 인지하고 자신의 문제점을 스스로 찾아보는 경험을 한다. 이처럼 처음 시작은 미약했으나 습관이 잡히자 아이도 엄마도 편안해졌다.

아이가 고학년이 될수록 스스로 주도권을 가져가야 한다. 어릴 적에는 놀이 주도권을 갖고 중학년부터는 학습주도권을 가져가야 엄마들의 최종목표인 자기주도학습을 할 수 있다. 자기주도학습을 하기 위해서 3W를 기억하자.

Why? 왜 공부하는지 생각해 보기
What? 무엇이 부족한지 생각해 보기
hoW? 어떻게 공부해야 효율적인지 생각해 보기

공부는 동기부여가 중요하다. 자신이 하고 싶다는 마음이 움직일 때 효과가 높다. 아이 스스로 자신에게 질문하면서 자기만의 공부 목표를 계획하도록 엄마는 응원하고 도와주면 된다. 오늘도 모녀는 각자의 책상에 앉아서 플래너를 펼치고 계획을 짠다.

실행_ 배운 내용은 아이에게 적용해 보기

처음 엄마가 되던 때가 생각난다. 책으로 공부했던 초보 엄마는 실수가
참 많았다. 젖병 소독을 하다가 끓는 물에 손을 대는 일, 기저귀를 제때 갈
아주지 않아 엉덩이가 짓무르게 되는 일이 비일비재했다. 엄마가 되는 순
간부터 '포기'라는 단어는 없어졌다. 대신 '다시'라는 단어를 새기며 아이
와 함께 모든 것을 배워갔다. 아이의 건강을 위해 모유를 할 때는 엄마 식
단도 꼼꼼히 점검했다. 아이가 이유식을 시작할 때는 다양한 재료의 거
부반응을 일으키지 않도록 여러 재료를 넣었다. 아이는 이유식을 짧게 먹
고 바로 밥으로 넘어갔다. 외가댁에서 자란 아이는 나물, 버섯, 고기를 좋
아했다. 외할아버지가 직접 재배한 재료로 만든 음식은 아이의 건강을 책
임졌다. 아이가 발달 단계의 맞춰서 잘 성장하고 있는지도 유심히 관찰했
다. 옛말에 '아이는 작게 낳아서 크게 키워라.'는 말이 있다. 작게 태어났

던 아이는 열심히 먹으며 볼도 통통해지고 다리도 튼튼해졌다. 아이는 목을 가누고, 뒤집고, 기고, 앉고, 걸으며 자기 일을 열심히 하고 있었다. 젖병을 떼야 하는 시기가 되자 아이는 어려움 없이 젖병과 안녕했다. 기저귀를 떼야 하는 시기에도 엄마의 걱정과 달리 아이의 몸은 천천히 준비하고 있었다. 아이는 변기를 갖고 노는 걸 참 좋아했다. 변기에서 자주 놀던 아이는 놀다가 소변을 보는 경험을 하면서 이후 자연스럽게 기저귀를 뗐다. 이처럼 아이는 기다려주면 자신의 몫을 충분히 해냈다.

아이가 자라면서는 오감 놀이를 즐겼다. 오감 놀이를 하기 위해서는 준비 작업이 필요하다. 거실에 돗자리를 깔고 그 위에 돗자리를 덮을 만큼 커다란 비닐을 깔았다. 양 끝은 테이프로 잘 고정했다. 밀가루 놀이를 하며 온 집안을 하얗게 만들어버려 친정 아빠한테 혼난 적이 한두 번이 아니다. 두부 놀이를 하기 위해 냉장고에 두부가 항상 넉넉히 있었다. 아이는 두부의 촉감을 참 좋아했다. 네모 모양의 두부가 으깨어지는 모습도 신기해하며 참 오랫동안 관찰하며 놀았다. 두부에 물감을 섞자 옷을 입었다며 손뼉을 치던 아이는 빨간색과 하얀색을 섞어 분홍색을 만들기도 했다. 아이는 자신이 만든 색깔을 보며 신기해했다. 이후 여러 색의 물감을 섞자 검은색으로 바뀌면서 아이는 놀라움을 금치 못했다. 아이와 놀고 나면 뒷정리가 쉽지 않지만 엄마의 말 한마디에 아이의 손과 발이 빨라진다. "제일 재미있고, 행복했던 사람이 더 많이 치우기" 아이와 엄마의 정리 배틀이 끝나면 함께 목욕하면 된다. 이후로도 오감 놀이를 자주 했다. 노란색 옷을 입고 아이가 원하는 물감을 바닥에 짠다. 아이는 손과 발을 이용해 촉감을 온몸으로 느끼며 발 도장, 손도장을 찍었다. 다른 색깔을 섞어서 색의 변화를 느꼈다. 아이는 열심히 놀다가 넘어진다. 그리곤 엉망이 된 자신을 보면서 웃음이 끊이지 않는다. 한번 넘어지자 더 과감해진 아이는 퍼포먼스가 더 강렬해지면서 격한 댄스를 보인다. 엄마는 열심히 영상을 담는다. 언제 보아도 즐거운 영상은 꼭 여러 장 남겨 두고 수시로 보았다. 영상은 순간의 에피소드를 다 기억하기 어렵기에 오랫동안 그 느낌을 나누기에 좋다.

아이와 카레 만들기를 한 날. 빵칼로 재료를 써는 모습이 얼마나 귀엽고 사랑스럽던지 열심히 사진으로 남겼다. 사진을 동영상으로 편집해준 아빠 덕분에 지금도 그 영상을 보면서 그때도 행복한 나날을 보냈음을 느낄 수 있다. 아이와 하는 모든 것들이 추억이 되어 서로를 더 단단하게 만들어줬다. 노란색 옷을 입고 온몸에 물감을 묻히고 놀던 아이의 사진이 우리를 또 미소 짓게 한다.

저녁을 먹은 후 아파트 주변으로 산책을 자주 나갔다. 킥보드를 타고 나가 공원에서 사방치기, 달팽이, 8자 게임을 하면서 아이와 함께 신나게 뛰어놀았다. 열심히 땀을 흘리며 엄마 아빠와 한참 웃었던 아이는 오늘 하루도 행복했음을 느낀다. 그렇게 매일 우리는 습관처럼 하루의 루틴을 만들었다. 저녁 먹은 후 산책. 비가 오는 날이면 집에서 가족이 함께 놀이 했다. 보드게임, 전통 놀이, 역할 놀이 등을 하면서 하루에 한 번 꼭 함께 시간을 보냈다. 아이는 모든 공부를 저녁 식사 시간 전까지 마치고 이후 시간은 놀이와 독서로 마무리했다. 공부가 늦어지는 날에는 놀이하지 못해서 울상이 되어 내일은 꼭 일찍 숙제를 마칠 거라는 아이의 다짐을 보며 부모는 미소 짓게 된다. 이처럼 집마다 규칙이 있다. 우리 집의 규칙은 하루 한 끼 같이 먹기, 숙제는 6시까지 끝내기, 이후 8시까지 놀고 8시 반에는 독서 시간이다. 이 루틴은 벌써 10년 넘게 지켜지고 있다.

부모가 아이에게 물려주고 싶은 것이 무엇인지, 아이의 어떤 능력을 키워주고 싶은지 우리 부부는 시간이 날 때마다 많은 이야기를 나누었다. 충분한 돈을 물려줄 수 없다면 좋은 습관을 물려주고 싶었다. 우리 부부가 선택한 좋은 습관은 책과 사랑이었다. 매일 책을 읽으며 부모와 충분한 사랑을 나누며 자란 아이는 분명 다르다고 생각했다. 우선 각자 잘할 수 있는 부분을 나누기로 했다. 아빠는 몸을 움직이면서 사랑을 전하기로 했다. 엄마는 책을 함께 읽으며 사랑을 나눠주기로 했다. 아무리 힘든 날도 집에 들어오면 위로받고 행복했으면 좋겠다는 생각에 우리 집의 가훈도 정했다. 다 잘 될 거야. 이후 힘든 일도 많았지만 다 잘 될 거야 하고 외치며 힘든 시간을 이겨낼 수 있었다. 힘들 때마다 우리는 서로 안아주었다. 이처럼 서로의 체온이 닿는 포옹은 마음을 치료했다. 가족 상담 공부를 하면서 참 많은 위로를 받았다. 배운 것을 내 가족들에게 나누며 안아주었다. 항상 집이 편안하다고 느끼길 바라며 누구든 집 안으로 들어올 때면 솔 톤으로 반갑게 환영했다.

며칠 전 아이가 한 말이 생각난다.

"엄마, 우리 왔어요."

"응 왔어." (다른 일을 하느라 말로만 인사함)

"아빠, 여기 우리 집이 아닌가 봐요." 하면서 다시 문을 열고 나가는 소리가 들린다.

"엄마, 우리 왔어요."

"왜 나갔다가 다시 들어왔어?"

"우리 집에 들어오면 엄마가 항상 환하게 반겨주는데 오늘은 아니 길래? 잘못 들어왔나 했지!" 아이의 말을 들으며 한 대 얻어맞은 기분이 들었다.

아이를 안으며 "맞네. 다른 집에 들어갔었네." 하며 한참을 안아주며 웃었다. 이렇듯 집은 나를 반갑게 맞아주고 편안한 곳이었으면 좋겠다는 생각에 꾸준히 했던 행동을 아이는 자연스럽게 느끼고 있었다. 아이는 엄마가 하는 행동들을 유심히 관찰하며 온몸으로 받아들이고 있었다. 생각하고 배운 것을 가족들에게 적용하자 그것이 나다움의 일부가 되었다. 나쁜 습관을 고치는 것은 쉽지 않지만 믿음을 갖고 꾸준히 노력하면 어느 순간 나의 몸에 좋은 습관이 자리를 잡았다. 매일 꾸준히 작은 행동 변화를 지속시키자 주변이 먼저 알고 변화했다. 내 가족, 친구, 이웃도 변화할 수 있다는 생각을 갖게 된 것이다. 나를 바꾸고 싶다면 지금 실행하면 된다. 천천히 가다 보면 지금보다 마음이 풍성한 나날을 보낼 수 있음을 장담한다. 내가 하는 것들에 성과가 당장 보이지 않는다고 불안해하거나 포기하지 않았으면 좋겠다. 앞으로의 삶은 누구도 아닌 내가 만들어 갈 수 있기 때문이다. 지금을 살다 보면 성장한 나를 발견하게 될 거다. 오늘도 나를 다잡는 말을 외쳐본다. "다시!" "AGAIN"

정리 정돈_ 사용한 물건은 제자리에 두기

어릴 적부터 아빠가 자주 하시던 말씀 중 하나가 사용한 물건은 제자리에 두라는 말이었다. 30년 가까이 그 말을 듣고 자라서인지 물건이 정리 정돈되어 있으면 안정감을 느꼈다. 결혼 초에는 이 부분으로 다툼도 많았다. 자유분방했던 남편의 정리 정돈은 나를 힘들게 했다. 많은 대화를 통해 우리는 조율을 했다. 사용한 물건은 제자리에 두기로 말이다. 우선 물건의 자리를 정하고 남편에게 설명했다. 모두 함께 집안일을 하면서 자리 찾기 게임을 했다. 빨래를 개어두면 각자의 옷장에 정리한다. 식사를 마치고는 자신이 먹은 그릇은 설거지통에 갖다 놓는다. 자기 공간 외에 함께 쓰는 공간에는 자신의 물건을 두지 않기로 했다. 서로가 정한 규칙을 지키자 집이 훨씬 깨끗해졌다.

아이가 태어나고서는 정말 쉽지 않았다. 육아만으로도 체력이 고갈되었기 때문이다. 아이가 점점 자라자 엄마의 습관은 다시 나타나기 시작했다. 아이가 자신의 물건을 정리할 수 있도록 장난감 바구니를 만들어서 같은 것끼리 정리할 수 있도록 했다. 아이는 엄마보다 더 자신의 물건을 잘 정리했다. 근데 점점 자랄수록 아이는 물건을 정리하지 않았다. 화를 내보기도 하고 부탁도 해보았지만, 소용이 없었다. 엄마가 선택한 방법은 "어머나, 이게 뭘까?" 아이는 궁금한 듯 뛰어온다. 자신이 벗어놓은 양말이다. 아이가 멋쩍게 웃는다. 그리곤 쏜살같이 가지고 사라진다. 그 모습을 보며 또 한참 웃는다. 어디선가 엄마의 "어머나 이게 뭘까" 소리가 들리자 아이는 또 쏜살같이 나타났다 사라진다. 그렇게 여러 해를 반복하자 아이도 안다. 물건이 제자리에 있지 않으면 불편하다는 것을 말이다.

아이는 여자 아이돌을 좋아한다. 요즘 아이는 여자 아이돌이 나오는 빵을 사 먹고 있다. 빵 속에는 아이돌 사진이 들어있기 때문이다. 아이는 빵이 맛있어서 사는 것도 있지만 그 사진을 갖고 싶어서 용돈을 받으면 꼭 샀다. 그렇게 한 5장을 모았다. 아이가 소리치며 달려온다. 사진이 아무리 찾아도 없다며 울상이다. 엄마가 치운 게 분명하다고 억지를 써보기도 하지만 자신이 관리하지 못한 잘못을 알고 있다. 한참 속상해하던 아이가 방에서 바쁘다. 무엇을 하는지 궁금했지만, 그냥 두었다. 방 안에 있다가 나온 아이 손에는 미니 공책이 있다. "이게 뭔지 알아 엄마" 아무리 봐도 공책인데 그걸 묻는 것 같진 않고 모르겠다. "글쎄, 공책" 아이가 웃는다. 아이가 펼친 공책에는 아이돌 사진이 붙어 있다. "엄마 이제부터 사진들을 이 공책에 붙일 거야. 그러면 다신 잊어버리지 않을 거야." 아이는 정리 정돈이 얼마나 중요한지 자신의 소중한 물건을 잃어버리고서 깨닫게 된다.

아이와 상반기 하반기 두 번에 걸쳐 물건을 정리한다. 아이는 정리하면서 깜짝 놀란다. 우리 집에 이런 게 있었네 하며 말이다. 그리곤 그 중 더 가지고 있고 싶은 것과 버려야 하는 것을 분류한다. 엄마가 보기에 정말 쓰레기 같은 것도 아이에게 의미가 있으면 다시 6개월을 더 보관한다. 아이는 엄마를 설득하기 위해서 빠르게 머리를 움직인다. 아이는 열심히 자기 생각을 어필한다. "엄마 이 그림책은 지금은 내가 잘 보지 않지만, 갑자기 보고 싶은 날이 있어. 그때 보고 싶은데, 없으면 너무 아쉬울 것 같아. 그래서 지금은 보낼 수 없을 것 같아." 아이는 버린다는 단어 대신 보낸다는 단어를 선택했다. 그 말에 엄마는 설득되었고 다시 보관하기로 했다. 꼭 소장하고 싶은 책이 아니라면 다른 아이들이 읽을 수 있도록 중고로 팔기도 하고 지인에게 주기도 했다. 작아진 옷을 버리려고 모아두었다. 아이가 달려온다. 아이의 설득이 또 시작된다. "엄마 인형 옷을 만들기 위해서는 천이 필요한데 내가 입었던 옷으로 만들어주면 더 뜻깊을 것 같아요." 아이의 말에 일리가 있기에 모든 옷을 두기는 어렵고 원하는 옷 몇 개만 보관하기로 했다.

아이가 꼭 필요한 것이 있으면 자신의 주장을 내세워 부모 중 한 명을 설득해야 한다. 아이는 친구들과 나누는 걸 좋아한다. 아이가 또 달려온다. "엄마 조금 있다 학교에 교과서를 받으러 갈 건데 그때 친구들에게 직접 만든 말랑이를 선물하고 싶어요. 재료가 부족해서 사러 가야 하는 데 데려다주실 수 있으세요?" 방학 동안 못 만났던 친구들을 잠깐이라도 볼 수 있다는 기쁨에 아이는 친구들과 함께 교과서를 가지러 가기로 약속을 잡았다. 그리곤 자신의 마음을 담은 선물을 주고 싶은가보다. 아이의 마음을 알기에 데려다주겠다고 했다. 아이는 자신의 용돈으로 풍선과 수정토를 사기로 했다. 정리 정돈이 잘되어 있으면 남은 물건과 필요한 물건이 무엇인지를 알 수 있기에 효과적인 구매를 할 수 있다.

아이도 나름 자신만의 정리 정돈을 한다. 엄마가 보기에는 부족해 보이지만 자기만의 계획이 있다는 아이 말을 믿고 엄마는 기다린다. 아이는 자신이 필요할 때 물건을 찾는다. 못 찾아도 정리 정돈하지 않은 자기 잘못임을 알기에 엄마에게 화를 내는 횟수가 줄었다. 이후 자신의 물건은 자신이 정리하면서 자기만의 정리 정돈을 한다. 모든 사람이 똑같이 정리할 필요는 없다. 대신 자기가 알 수 있도록 정리하면 된다는 사실을 알고 있다. 이 정리 정돈 습관은 자기주도학습을 할 때도 마찬가지임을 아이는 안다. 자기 스타일로 노트 정리하면서 자기만의 노하우를 찾는 거다. 이처럼 아이는 가정에서 작은 것들을 해보면서 성장하고 있다. 무언가하고 싶을 때 변명하는 대신 방법을 찾는 아이로 자라고 있다.

제5장

엄마들을 위한 맞춤형 자격증

보육교사

가족들과 뿔뿔이 떨어져 사는 내게 견딜 수 있는 무언가가 필요했다. 인터넷을 보다 유망직종으로 보육교사가 나왔다. 교육원을 알아보고 강의를 듣기 시작했다. 공부하는 동안은 시간이 잘 갔다. 아동 발달 과목을 특히 좋아했다. 6개월 된 아이가 어떤 발달을 하는지 알 수 있어서 좋았다. 낯가림이 심해져 엄마를 못 알아보면 어쩌지 하는 불안감도 있었다. 그렇게 나만의 방법으로 하루하루를 견디고 있었다. 2012년에는 이론 12과목과 실습 1과목을 하면 자격증이 나왔다. 12과목을 듣고 실습 신청을 했다. 갑자기 친정 아빠가 담석 수술을 하게 되어 아이를 돌봐 줄 사람이 없었다. 나는 아이를 돌보기 위해 실습을 취소했다. 떨어져 살던 우리는 내가 회복되면서 다시 함께 살 수 있게 되었다. 새로운 곳에서 우연히 인형극 봉사를 시작했다. 함께 했던 봉사자 선생님들과 같이 미뤄두었던 보육교사 자격증을 다시 마무리하기로 했다. 시간이 흘러 지금은 이론 16

과목과 실습 1과목으로 변경되었다. 추가과목을 듣고 실습을 나가보려고 알아보았지만, 실습 기관을 구하는 것은 생각보다 쉽지 않았다. 함께 수영하던 회원 중 어린이집 원장님이 계셨다. 봉사도 2년째 나간 곳이라 원장님께 부탁드렸다. 원장님은 흔쾌히 허락해 주셨다. 아이가 6시까지 있을 곳이 필요했다. 아이 친구 엄마들은 걱정하지 말라며 아이가 하원 하면 함께 놀이터에서 데리고 놀았다. 발레학원도 직접 데려다주었다. 덕분에 나는 실습을 편안하게 할 수 있었다.

실습생으로 간 첫날, 5세 반에 배정되었다. 지도 선생님의 수업을 참관하고 기록했다. 선생님과 함께 청소도 하고 환경 꾸미기도 했다. 선생님이 바쁘신 날에는 아이들과 1시간 수업해보기도 했다. '생쥐 한 마리' 손유희로 아이들을 주의 집중했다. 아이들은 까르르 웃으며 나에게 집중했다. 교통 표지판을 우드록으로 만들어 교통 표지판의 의미를 알려주었다. 소고 소리를 듣고 신호등 지키기 활동했다. 아이들은 몸을 움직이는 활동에 신이 났다. 생각했던 것보다 산만하긴 했지만, 아이들이 어린이집에 와서 발달단계에 맞는 교육을 받고 있음에 감사했다.

법정의무교육인 성교육은 5세부터 시작한다. 성교육강사로 활동하던 나는 아이들을 위해 성교육 수업을 진행했다. 동화책을 읽어주고 우리 몸에 대해 이야기를 나누었다. 고추 대신 음경, 잠지 대신 음순으로 정확한 명칭을 알려 주었다. 아이들은 자기 몸을 구석구석을 살펴보며 소중하게 대해야 함을 알게 되었다. 아이들과 자기 몸을 지키기 위해서는 어떤 방법이 있는지를 알려 주었다. 누군가 나의 소중한 몸을 만지려고 하면 첫째, 안 돼요! 싫어요! 하지 마세요! 라고 큰 소리로 외친다. 둘째, 사람이 많은 길로 도망간다. 셋째, 부모님께 이야기한다. 5살 아이들은 선생님의 말씀을 듣고 잘 따라 했다. 다 함께 상황연습도 해보았다. 아이들은 간접 경험을 통해 이와 같은 상황이 생기게 되면 자기 몸을 지키게 된다. 이처럼 교육은 발생한 후에 하는 것이 아니라 예방목적으로 이루어져야 한다.

　아이들과 바깥 활동을 나갔다. 어린이집 뒷산으로 걸어가면서 강아지풀도 보고 옥수수도 보고, 잠자리도 보았다. 친구와 손을 잡고 걸으며 자연을 관찰했다. 아이들은 교실 수업보다 훨씬 더 생동감이 있었다. 한참을 올라간 뒷산에서는 동네가 한눈에 다 보였다. 아이들은 소리도 질러보고 잡기 놀이도 하며 행복하게 뛰어다녔다. 아이들이 노는 모습을 선생님은 열심히 담고 계셨다. 그 모습이 예뻐 나도 사진을 찍었다. 시간에 쫓기지 않는 여유로움을 즐기는 아이들은 편안해 보였다. 학부모 입장에서 바라본 어린이집과 교사로서 바라본 어린이집은 달랐다. 먼저 학부모 입장에서 바라본 어린이집은 매일 바깥 활동을 하는 어린이집, 아이를 사랑하는 선생님이 계신 곳, 신선한 재료와 영양가 있는 식단이 나오는 곳이었다. 무엇보다 시설이 안전하고 편안해야 했다. 교사로서 바라본 어린이집은 보육 목적에 맞으며 발달단계에 맞는 교육이 이루어져야 한다는 거였다.

　실습 교사는 어떤 지도교사를 만나는지에 따라서 교사 일을 지속할 수도 있고 그만둘 수도 있었다. 한 실습 교사는 울면서 전화했다. 어린이집에서 실습비용을 20만 원(보통 10만 원 받음)을 받았다고 한다. 교구를 20개 만들기를 요구해 보육교사 일을 하지 않겠다고 했다. 실습 교사에게 너무 많은 것을 요구하는 경우에는 담당 지도교수님이 도움을 주셨다.

새로운 일의 첫발을 딛고자 노력하는 선생님에게 조금 더 너그러이 대해 주면 좋을 텐데 안타까웠다. 반면 나의 지도교사는 학부모와 대화할 때도 어떻게 해야 하는지도 꼼꼼히 알려주셨다. 학부모의 말을 중간에 자르지 않고 말이 끝나면 교사의 생각을 전달했다. 화가 나서 전화했던 학부모도 웃으며 전화를 끊었다. 이처럼 말 한마디가 상대의 마음을 움직였다. 실습으로 어린이집에서 어떻게 활동이 이루어지는지 충분히 보고 경험할 수 있었다.

엄마의 입장과 교사의 입장을 둘 다 생각해 보게 되었다. 아이를 키우면서 많은 것들이 바뀌었다. 아이 연령에 맞는 교육을 하지 않는 것도 폭력임을 알게 되었다. 시골이다 보니 다문화 아이들이 있었다. 한국 엄마가 아니다 보니 아이는 충분한 보살핌을 받지 못했다. 어린이집 교사는 이런 아이들의 또 다른 엄마의 역할을 충실히 해내고 있었다.

오랜만에 규칙적인 생활을 해서 몸은 아주 피곤했지만 한 달간의 실습을 마치고 아이가 해준 말 한마디로 힘이 났다.

"엄마가 내 엄마라서 좋아"

부족한 엄마를 온 마음으로 사랑해 주는 아이가 있어 공부하길 잘했다는 생각이 들었다. 뭐든지 시작은 어렵지만, 끝은 보람되고 과정에서 많이 성장한 자신을 발견하게 된다.

보육교사를 공부하자 주변 친구들이 변화하기 시작했다. 보육교사에 도전한 거다. 결혼 전 간호사로 활동했지만, 아이를 낳고 경력 단절되었던 그녀는 당당히 선생님으로 불리며 아이들을 가르치고 있다. 아이만 키워 시작이 두려웠던 그녀는 보조교사를 하며 오전만 일하고 있다. 일하게 될 줄 몰랐다고 말하는 그녀는 이제 당당히 직장맘이다. 아이들이 다 자라 자기 일을 찾고 싶었던 그녀는 이제 누리 교사를 하며 자기 삶을 진취적으로 살고 있다. 보육교사는 엄마들이 하기 좋은 직업이다. 아이를 사랑하고 아이에 대해서 누구보다 잘 알기에 엄마라면 누구나 가능하다. 나의 작은 변화가 누군가에게 나도 할 수 있다는 계기가 되어 변화되는 삶을 사는 모습을 보면 뿌듯하다. 시작하지 않으면 똑같은 일상이지만 시작만 하면 지금과 다른 삶을 살 수 있다. 내 친구들처럼 말이다.

사회복지사

학교 위 클래스 상담사로 일하고 싶었던 나는 사회복지사 자격증을 갖고 있으면 훨씬 수월하다는 이야기를 듣게 되었다. 복수전공으로 사회복지를 신청했다. 인간 행동과 사회 환경 수업은 그동안 익혔던 심리학자들을 전반적으로 다루다 보니 부담이 없었다. 사회복지사와 상담사는 참 많이 닮았다. 전반적인 인간의 심리와 발달 특성을 배우고 익힌다. 심리에 관심이 많은 나는 공부를 하면서 반복되는 내용이 많아 훨씬 재미있었다.

실습 기관으로 지역아동센터를 결정했다. 실습 첫날 센터장, 사회복지사, 주방 선생님, 돌봄 선생님과 함께 인사를 나누었다. 지역아동센터에는 한 부모 가정, 결손가정, 저소득층 가정, 맞벌이 가정, 다문화 가정, 외국인 노동자 가정 등 복지 사각에 놓인 저소득층 가정의 아동들이 이용할 수 있다. 드론, 플룻, 영어, 독서, 한자 수업 등 다양한 프로그램이 진행되고 있었다. 센터 아동들은 다양한 경험을 통해 스스로 할 수 있는 것들이 많았다. 안타까웠던 것은 생계를 위해 바쁜 생활을 하는 부모님 때문에 마음이 많이 아파 보였다. 자신의 속내를 솔직하게 털어놓을 사람이 없다는 사실에 가끔 아이들은 우울해 보였다. 한 아동은 유난히 나를 좋아했다. 할 수 있다는 자신감을 주면서 학습을 봐주고 눈 맞춤을 했다. 처음 만났을 때 아동은 많이 경계하며 경직되어 있었다. 함께 하는 시간이 늘수록 아동은 나를 보면 말을 걸고 웃는다. 한 달 후면 떠나야 하는 나는 마음이 많이 아팠다. 좀 더 오래 아동의 마음을 위로해 주지 못해서다. 많은 실습생이 다녀가면서 아이들은 안다. 실습이 끝나면 다시는 찾지 않는다는 것을 말이다.

프로그램을 하나 진행하라는 센터장님 말씀에 우리는 곧 다가올 추석을 맞아 송편 빚기 수업을 하기로 했다. 직접 만들어 보면서 추석의 의미를 배울 좋은 기회라 생각했다. 우선 익반죽을 떡집에 맞추고 송편 소를 준비했다. 아이들과 둘러앉아 나만의 송편 빚기를 했다. 만두 송편, 꽃 송편, 찐빵 송편, 똥 송편 등을 빚으며 아이들의 표정이 밝다. 송편을 빚으며 입속으로 들어가기 바빴지만, 아이들은 그 시간이 행복하다. 센터 안에는 아이들의 웃음소리로 가득 찼다. 자신이 만든 송편을 집으로 가져갈 수 있도록 통에 담고 스티커를 붙이는 아이들의 얼굴엔 뿌듯함이 보인다. 집으로 돌아가 가족들과 행복한 시간을 가질 생각을 하니 기쁜가 보다.

아이들의 공부를 봐주는 시간이다. 학습격차가 많다 보니 실습생들이 학년별로 나누어 봐주었다. 초등학교 5학년을 봐주게 된 나는 당황스러웠다. 당시 2학년이었던 아이만 봐주다가 갑자기 5학년 수학을 보니 머리가 아팠다. 졸업한 지 오래되어 내가 가르치는 방법이 맞는지 몰라 아이들에게 풀어보게 하고 다시 공부했다. 중학교 때 배우던 수학을 아이들은 초등학교에서 배운다. 사회가 발전되면서 아이들의 수준도 높아지다 보니 배움의 폭이 넓고 깊어졌다. 아직 저학년의 엄마는 고학년이 되면 얼마나 어려워지는지 알지 못한다. 실습하면서 아이의 학습 과정을 알고 있는 엄마와 모르고 있는 엄마는 차이가 있음을 인지하고 중학교, 고등학교 과정을 공부했다. 중학교만 올라가도 영어 수행평가를 영어로 글을 쓰고 암기해서 발표한다. 지금 당장 영어가 쉽다고 넋 놓고 있다가는 큰코다친다. 수학도 5학년만 되면 약수, 배수가 나온다. 4학년 평면도형은 90도, 180도, 270도, 360도를 돌린다. 아이와 도형을 그려보고 설명하지만 아이는 도형이 머릿속에 잘 그려지지 않는 모양이다. 아이가 힘들어하는 부분, 잘하는 부분이 무엇인지를 알고 있는 부모와 알지 못하는 부모는 아이가 도움을 요청할 때 도와 줄 수 있는 부분이 다르다.

주변을 둘러보면 사회복지사를 공부하는 사람들이 많다. 지역아동센터에서도 주방 선생님께서 사회복지사를 몇 해 전에 취득하셨다. 지금은 돌봄 선생님이 공부하고 계신다. 사회복지사는 병원, 학교, 여성단체, 지역아동센터, 요양원 등 많은 곳에서 일을 할 수 있다. 특히 여성단체 같은 경우에는 경력 단절 여성도 사회복지사 2급 자격증과 일을 하고자 하는 의욕만 있으면 입사가 가능하다. 사회의 다양한 곳에서 사회복지사의 도움을 받는 사람들이 많다. 특히 시어머니의 경우 사회복지사의 도움으로 병원비 혜택을 받고 있다. 친정엄마의 경우에는 산재 처리를 할 수 있도록 도움을 주셨다. 현재 활동 중인 세계 시민교육도 사회복지사들과 함께 일하고 있다. 강사들이 편안하게 학교, 어린이집, 유치원에서 활동할 수 있도록 기관과 수업 일정을 잡고 연락을 주신다.

아이를 키우며 10년 동안 공부하며 나에게 맞는 것을 찾기 위해 노력했다. 지금은 자신이 무엇을 좋아하고 싫어하는지를 알게 되었다. 평생 공부를 하며 다른 사람에게 도움이 되는 삶을 살고 싶었다. 영원히 살 것처럼 공부하고 내일 죽을 것처럼 사는 것이 나의 바람이듯 나는 오늘도 공부하며 성장하고 있다.

독서지도사

독서지도사 공부를 하는 첫날 강사님은 독서와 글쓰기를 통해서 완전한 인간이 될 수 있다고 하셨다. 이 말은 인간은 생각하기 위한 지식을 독서에서 구하고 생각하는 것을 독서에서 배우고 독서와 더불어 생각하게 될 때 비로소 사물에 대한 이해나 판단이 빠르고 폭넓은 인간으로 성장하게 된다는 것이었다.

독서를 잘하기 위해서는 읽어야 한다. 아이들 스스로 책은 재미있는 것이라는 것을 인지해야 한다. 아이 스스로 좋아하는 책을 선택해 본 경험이 있는 아이들은 책 읽기가 쉽다. 또 책이 집에 있는 아이들이 책을 더 쉽게 읽게 된다. 인간은 환경의 영향을 받는다. 독서도 환경에 영향은 받는 부분이 많다. 책을 읽는 것을 보지 못한 아이가 책을 좋아하는 경우는 드물다. 이처럼 의식적으로 부모가 무엇이라도 읽는다면 아이도 읽는 것에 두려움이 없다. 두려움만 없어도 시작은 쉽다. 독서 지도사는 아이들이 조금 더 쉽게 책과 친해질 수 있도록 도와주는 역할을 한다. 독서를 통해서 아이들은 자신이 무엇을 좋아하고 흥미를 느끼는지 스스로 파악하게 된다. 요즘 같은 세상에 자기만의 기준이 없다면 이리저리 휘둘리기 쉽다. 책에 관심이 많아 동화 구연, 책 놀이, 그림책 등 다양한 자격증을 땄다. 아이의 학년이 점점 올라가자 독서 지도하기에 어려움을 느끼고 독서 지도사 공부를 하기로 했다. 온라인 수업이라 자투리 시간을 활용해서 들을 수 있어서 좋았다. 독서에 대해 막연히 알고 있던 것을 강사님이 전체적으로 알려주시자 엄마로서 아이에게 어떤 식으로 지도해야 할지 알 수 있었다.

우선 아이가 책을 좋아하게 만든다. 그러기 위해서 세 가지에 주목했다. 첫째, 독서환경을 만든다. 둘째, 엄마가 먼저 모범이 된다. 셋째, 엄마의 질문을 통해 아이도 질문하는 방법을 배운다. 질문을 할 때는 책 속에 답이 있는 질문 한 가지를 하고, 머릿속에 답이 있는 질문을 한 가지를 했다. 매일 꾸준히 이루어지는 엄마와 아이의 질문은 자연스레 아이에게 스며들게 되었다. 아이는 책을 읽으면서도 질문거리를 생각하며 책을 읽게 되었다. 책을 읽다가 궁금한 부분이나 떠오른 생각은 바로 질문했다. 이때 엄마는 역질문해주면 된다. "너는 어떻게 생각하는데?" 아이는 자신이 생각한 부분을 자신 있게 대답하게 된다. 생각에는 정답이 없다. 따라서 어떤 지적도 필요 없다. 그저 공감만 하면 된다.

독서를 통해 배경지식을 넓혀갔다. 배경지식은 우리의 기억 속에 저장된 모든 경험을 말한다. '바다'라는 같은 단어를 듣고 아이는 바닷가에서 물놀이하던 경험을 떠올린다. 반면 바다 경험이 적은 아이들은 넓은 바다 풍경을 떠올릴 뿐이다. 어촌 아이들은 바다에서 잡아 온 물고기를 분류하는 장면을 떠올린다. 이처럼 배경지식은 문화와 생활 경험, 학습에 따라서 달라진다. 책을 읽을 때도 배경지식이 많고 적음에 따라서 글의 의미가 다르게 해석하게 됨을 수업을 통해 알 수 있었다.

아이가 왜 책 읽기를 바라세요? 라는 질문에 곰곰이 생각해 보았다. 기쁠 때는 항상 주변에 많은 사람이 있었지만 힘들 때는 항상 혼자였다. 그때 나를 위로해 준 것이 책이었다. 내 아이도 책을 통해 위로받고 세상을 살아가는데 누군가에게 조언을 듣고 싶을 때 먼저 살아본 사람들의 지혜를 배워 가길 바라며 책을 읽기 바랐다. 독서 지도사를 공부하면서는 내 아이뿐만 아니라 모든 아이가 지혜로운 아이로 자라길 바라는 마음이 커졌다. 수업 나가기 전날이면 학교폭력과 관련된 기사를 찾아 아이들에게 전달해 주었다. '학교폭력이 계속 일어나는 이유는 뭘까'란 질문에 아이들은 이처럼 대답했다. 어른들의 생각만으로 교육하기 때문이란다. 그럼 아이들의 생각은 뭘까. 아이들의 생각 즉 마음을 나눌 수 있는 다양한 수업이 필요하다는 거다. 정답이 정해져 있는 것이 아니라 아이들의 생각을 건드려줄 수 있는 다양한 수업을 통해서 아이들은 자신의 마음을 들여다보면서 타인도 나와 다르지 않음을 알게 되는 거다. 이처럼 수업 시간은 아이들의 생각을 들을 수 있는 시간이기에 강사는 끊임없이 준비해야 한다.

21세기를 살아가면서 꼭 필요한 습관이 배우는 습관일지도 모른다는 생각이 든다. 빠르게 변화하는 삶 속에서 배우려고 하지 않으면 뒤처질 수밖에 없다. 코로나시대로 모든 수업이 온라인으로 바뀌면서 함께 토론하는 시간보다 강사가 전달하는 수업이 늘었음을 실감한다. 그 속에서 나만의 스타일로 아이들과 소통하기 위해서 끊임없이 고민하고 배움을 게을리하지 않았다. 막연하게 알고 있던 부분, 잘못 알고 있었던 부분을 수정하며 더 나은 엄마로 강사로 성장하고 있다.

책 놀이 지도사

　도서관에서 책 놀이 지도사 양성프로그램을 진행한다는 문자가 왔다. 아이와 좀 더 재미있게 읽을 수 있을 것 같아 신청했다. 첫 수업이 있는 날 10명의 엄마가 모였다. 교재에는 영아 책 18권, 유아 책 26권, 초등 책 9권의 놀이 방법이 나와 있다. 책의 내용대로 따라 하다 보면 누구나 쉽게 놀이 방법을 익힐 수 있도록 자세히 나와 있다. 책을 읽어줄 때는 요령이 필요하다. 먼저 아이가 관심을 가질 수 있도록 손 유희를 배웠다. 그림책을 읽을 때는 앞표지, 뒤표지까지 꼼꼼하게 탐색하며 책을 충분히 읽었다. 책을 읽은 후에는 놀이 활동으로 아이들이 오래 기억할 수 있도록 했다. 손 유희를 하며 책을 마무리하면 책 한 권을 충분히 읽게 된다. 어린아이일수록 동화구연으로 읽어주면 좋다. 엄마의 목소리를 살짝 바꿔 읽어주었을 뿐인데 아이는 쉽게 그림책 속으로 빠져들었다. 아이와 함께 우드록문을 만들어서 "똑! 똑!" 문을 두드리며 그림책에서 본 내용들을 따라 해 보았다. "누가 있어요?" 아이는 문 속으로 보이는 엄마 얼굴이 좋아서 까르르 웃는다. 도화지로 요술봉을 만들어 몸과 주변의 사물을 두드려보며 집안의 다양한 소리를 접했다. 아이는 책을 읽고 끝나는 것이 아니라 놀이를 통해서 확장되는 경험을 하게 된다. 아이는 온종일 집안의 물건들을 두드리며 각자 가진 소리가 다름을 깨닫게 되었다.

반전 그림책은 아이와 반복되는 문장을 함께 따라 하며 문장 전체를 익혔다. 인형 옷을 입히고 "조금 끼나?" 하며 옷을 갈아입힌다. 아이는 짧은 문장과 그림을 통해서 확장된 놀이를 하고 있었다. 아이는 책 속에 등장했던 동물들을 그림으로 그려보며 책 속에 깊이 빠졌다. 아이의 얼굴에 행복한 미소가 가득하다. 엄마가 그저 책을 읽어주었을 뿐인데 아이는 지금, 이 순간 즐거운가 보다. 엄마가 책 놀이 수업을 다녀온 날이면 아이는 행복해하며 책을 더 많이 읽어 달라고 했다. 엄마는 그런 아이가 기특해 좋은 책을 열심히 찾았다.

한번은 그림책에 뱀이 나왔다. 친숙하지 않은 뱀이지만 아이는 애완동물처럼 할머니를 따라다니는 뱀이 신기하다. 집에 도둑이 들어왔을 때 뱀이 용감하게 경찰이 올 때까지 잡고 있었다. 이후 뱀은 영웅이 되고 뱀 이름의 공원, 조각상까지 생긴다. 아이도 직접 뱀을 만들어 본다. 아이는 '무엇이 똑같을까?' 노래를 부르며 다양한 모양을 만들어 보며 웃음이 끊이질 않는다. 깔깔깔 소리 내서 웃는 것은 진짜 즐거운 거다.

또 다른 그림책을 펼쳐 든 아이는 주인공 새가 어디에 숨어있는지 찾느라 바쁘다. 아이의 눈에서는 흥미와 기대가 가득하다. 그림책을 읽으며 아이는 관찰력이 발달하였다. 놀이 활동으로는 미리 숨겨둔 새를 찾아 새 뒤에 적혀 있는 미션을 해결하면 된다. 수업 시간에는 손뼉 쳐, 인사해, 흔들어를 종이에 적었다. 집에서 아이와 할 때는 뽀뽀 5번, 안아주기, 하이 파이브를 하며 스킨십을 늘렸다. 엄마 아빠의 사랑을 듬뿍 받자 아이는 행복해했다. 온 가족이 함께하는 놀이가 마음에 들었는지 또 읽자고 한다. 이번엔 동작 미션을 추가한다. 아이는 새에 적힌 미션을 찾아 동작을 취한다. 엄마 아빠는 맞추느라 진땀을 뺀다. 아이는 못 맞추는 엄마 아빠를 보며 답답한지 정답을 얘기해 버린다. 방 안 가득 행복한 웃음소리가 채워졌다.

음식 관련 그림책에는 10개국의 대표 음식에 해당하는 전통의상을 입고 설명하고 있다. 모양 친구들(동그라미, 세모, 네모)이 가서 나라를 대표하는 대한민국의 비빔밥, 이탈리아의 피자, 인도의 사모사, 영국의 샌드위치, 베트남의 반쯩, 러시아의 샤슬릭, 미국의 핫도그, 우간다의 마토케, 페루의 빠빠레예나, 뉴질랜드 키위가 된다. 수업 시간에는 엄마들이 직접 재료가 되어 비빔밥을 만들어 보았다. 집에서는 그림책 푸드 테라피로 비빔밥을 직접 만들어 보았다. 아이가 직접 만든 음식을 먹자 훨씬 맛있다며 한 그릇을 뚝딱 비웠다. 이후 비빔밥은 아이가 제일 좋아하는 음식이 되었다. 아이는 다른 음식들도 먹어보고 싶다고 했다. 아이와 함께 주말마다 요리 시간을 가졌다. 아이는 책에서 나온 나라에 가서 직접 음식을 먹어 보고 싶다는 꿈이 생겼다.

세상에 이야기가 전해진 유례에 관한 책을 읽고서 아이는 짝짝짝 손뼉을 친다. 우리가 알고 있는 이야기들이 지혜로 생겼다고 생각하니 신기하다.

아이에게 흩어져 있는 이야기를 잡는 척한다. "엄마는 인어공주를 잡았어." 하며 이야기를 들려준다. 아이는 엄마의 이야기에 집중하며 인어공주 이야기에 흠뻑 빠져들었다. "너는 어떤 이야기를 잡았니?" "백설 공주" 아이가 백설 공주 이야기를 엄마처럼 이야기한다. 좋아하는 공주 이야기라 더 실감 나게 표현하는 아이를 보며 엄마는 책 놀이 효과에 놀라울 뿐이다.

한 권의 책을 깊이 있게 읽어 줄 방법을 터득하자 엄마와 아이의 책 읽기 시간은 엄마와 아이의 마음이 자라는 시간이 되었다. 선생님이 동화책을 열기부터 덮을 때까지 어떻게 읽어주어야 하는지를 보여주셨다. 그것만 익혀 아이에게 들려주면 된다. 선생님은 촬영은 안 되지만 녹음은 가능하다며 마음껏 녹음하고 연습하라고 하셨다. 도서관에서 책을 빌려와 녹음 한 대로 여러 번 반복하자 책 읽기가 수월해졌다. 어린이집에서 돌아온 아이에게 읽어 주었다. 아이는 엄마랑 함께하는 책 놀이 시간이 즐겁다. 아이는 책의 매력에 흠뻑 빠졌다. 책을 요리조리 살피며 책을 어떻게 읽어야 하는지를 알게 되었다. 아이는 다른 책도 앞표지, 뒤표지를 꼼꼼하게 살피고 엄마에게 자신이 생각한 놀이를 해보자고 제안했다.

요즘은 독후활동을 아이들이 좋아하는 스토리텔링으로 책을 스스로 선택하고 놀이를 통해 책 속 내용을 익힌다. 책으로 탑도 쌓아보고 징검다리도 만들어본 아이는 책에 대한 거부반응이 없다. 책은 그저 놀이 도구일 뿐이다.

그림책 마음 지도사

2019년도 1월 학과 선배님이 진행하시는 그림책 마음 지도사 과정을 듣게 되었다. 아이를 키우면서 많은 그림책을 읽어주다 보니 그림책의 매력에 빠져 있는 상태였다. 마음 지도사란 말에 끌려 신청했다. 그림책 마음 지도사는 단순히 읽는 것에 그치지 않고 저자의 의도를 파악하며 독자의 상상력으로 새로운 이야기를 만들 수 있다. 같은 이야기더라도 읽는 독자에 따라 마음이 치유되는 경험을 한다.

배 속의 아이가 딸이라는 말을 듣고 서점에 갔다. 제목이 마음에 들어 구입한 책, 그림이 예뻐서 구입한 책을 아이에게 읽어 주었다. 그림책이 따뜻해서 좋았다. 아이가 태어나 함께 할 상상을 하니 절로 미소가 지어졌다.

말을 배우기 시작할 때는 의성어와 의태어가 많이 있는 책을 읽어주었다. 아이는 책의 내용을 들으며 그림을 유심히 본다. 그리곤 책 속 아이와 같은 표정을 지으며 행복해한다. 마지막 장면에 그럼 나처럼 할 수 있어? 라고 물으며 엄마에게 뽀뽀한다. 모든 동물 친구들도 엄마에게 달려가 뽀뽀한다. 아이도 엄마에게 달려가 뽀뽀한다. 너무나 사랑스러운 순간이다.

특별하다는 것은 예쁘거나 무엇을 잘해서가 아니라 존재만으로 특별하다. 그림책을 아이에게 읽어주며 엄마도 위로받는다. 나는 특별한 사람이고 특별한 삶을 살고 있음을 느끼게 해줬다. 아이에게 너는 특별 하단다. 이 말을 해주면 아이는 만족해하는 표정을 짓는다. 부모가 아이에게 꼭 해줬으면 하는 말이다. 이 말을 들은 아이는 자존감이 올라간다. 그림책은 단순하고 강한 메시지를 전달한다. 많은 것을 가지고 있을 때보다 나누어주자 많은 친구도 생기고 행복해진다는 것을 알려준다. 아이도 책을 통해 나누는 기쁨을 알게 되었다. 우리의 삶과도 마찬가지이다. 혼자 가지고 있을 때보다 나누었을 때 행복이 배가 된다.

출판사 중에는 만 6세 이하의 자녀가 있는 가정에 1년 동안 매달 1권씩 책을 무료로 보내 주는 서비스를 제공하는 곳이 있다. 책을 신청하고 당첨이 되면 1년 동안 책을 받아볼 수 있다. 조건이 까다롭지 않다. 책을 매달 신청하고 아이와 함께한 독서 후기를 남긴다. 엄마는 아이에게 책을 많이 읽어주면 된다.

첫 책은 엄마를 위한 책을 신청한다. 육아에 있어서 엄마의 마음이 얼마나 큰 비중을 차지하는지 알기 때문이다. 엄마의 말은 아이를 따뜻한 아이로 자라게 한다. 긍정의 언어로 이야기하자 아이도 긍정의 언어를 배운다.

책을 읽으며 아이를 더 깊이 관찰하게 되었다. 아이가 세상을 향해 마음으로 내딛는 첫걸음인 첫인사를 힘겨워했다. 관련 그림책을 찾아 읽어주자 아이도 주인공처럼 용기를 내어 첫인사를 해본다. 인사를 하면 아주 큰 일이 일어날 줄 알았지만 아무 일이 일어나지 않음에 아이의 마음이 열린다. 아이는 그림책을 눈과 귀와 마음으로 읽었다. 읽어주는 엄마도 눈과 귀와 마음으로 읽어주었다. 아이와 눈을 맞추고 아이가 하는 이야기를 들으며 마음으로 느낀 것을 표현했다.

아이는 산타할아버지가 궁금하다. 한동안 산타할아버지에 관한 그림책만 도서관에서 빌려다 주었다. 얼마나 읽었는지 아이는 산타할아버지의 일상을 가장 많이 아는 아이가 되었다. 친구들에게 자신이 읽은 이야기를 자신 있게 이야기해주는 아이가 되었다. 그림책 속에서 보았던 그림들을 아주 자세히 묘사하는 아이를 보면서 그림책의 힘이 대단함을 느꼈던 순간이다.

어느 날 아이가 집안의 선인장을 유심히 관찰하고 있다. 엄마도 옆에서 열심히 아이를 관찰한다. 아이는 그림책에서 보았던 선인장과 집에 있는 선인장을 관찰하고 있었다. 엄마가 선인장을 전지에 크게 그려주었다. 아이는 책 속에서 보았던 모습들을 그린다. 엄마가 미처보지 못한 벌과 개미들을 그린다. 선인장이 사막에 있어서 생태계가 파괴되지 않는 것을 아이는 이해했을까. 아이는 선인장이 많은 이들을 살 수 있도록 해주는 고마운 존재라는 것을 깊이 느꼈을 거다. 이처럼 책은 엄마와 아이를 행복하게 만들어주는 고마운 존재다. 이후 그림책을 읽는 시간이 더 많아졌다.

아이가 스케치북을 꺼내서 열심히 색칠하고 있다. 아이가 혼자서도 잘 노는 것을 확인한 엄마는 엄마의 일을 한다. 잠시 후 아이의 스케치북엔 검은색이 칠해져 있다. 아이가 무언가를 찾는다. 엄마가 책 읽어 줄 때 깎아놓은 나무젓가락을 들고 와 그림을 그린다. 순식간에 멋진 글씨가 보인다. '엄마 사랑해' 아이의 갑작스러운 고백에 엄마는 하늘을 나는 기분이 든다. 세상에서 가장 행복한 순간이 아닐까. 이처럼 아이는 책에서 본 것들을 직접 해보며 온몸으로 익히고 있다.

과학 그림책은 다양한 실험을 할 수 있다. 나뭇잎을 햇빛에 비추면 무늬가 바뀌는 마법 같은 일들이 펼쳐진다. 아이는 책을 읽고 당장 밖으로 나가자고 졸랐다. 책에서 읽은 내용을 확인해 보고 싶었던 거다. 토끼풀을 보면 세 개의 고리가 있다. 이것을 햇빛에 비추면 하나의 고리가 사라진다. 아이는 나뭇잎을 찾아다니며 모양을 관찰하고 마술 같은 일들을 경험했다. 그림책은 다양한 볼거리가 있어서 좋다. 미처 내가 상상하지 못했던 것들을 그림 속 곳곳에 표현해 두었다.

그림책은 마법사다. 행복해지는 법을 알려준다. 바로 상상하기다. 아이는 글 없이 그림을 보는 것만으로도 행복해했다. 그림책을 읽는 아이의 다양한 표정은 모든 슬픔을 잊게 해준다. 아이는 혼자 누워서 얘기한다. 행복한 상상 중이니 방해하지 말라고 말이다. 그런 아이를 보면서 많이 행복해하고 있음을 느낀다.

아이가 정말 찢어질 때까지 본 책이 있다. 이 책은 글이 거의 없다. 잠자기 10분 전이다, 잠자기 9분 전이다. 잠자기 1분 전이다. 이게 전부다. 잠자기 10분 전에 아이가 하는 일이 나오는데 햄스터 가족들은 잠자기 10분전 여행을 떠난다. 그림들이 아기자기하고 볼거리가 많다. 햄스터들이 하는 행동들을 기억했다가 잠자리에 들어서도 계속 이야기한다. 아이의 관찰력과 집중력에 놀라는 순간이다. 아이의 잠자기 여행도 이 책처럼 즐거워 보인다.

책을 통해 다양한 경험을 하는 아이는 엄마가 식사를 준비하면 아빠가 설거지를 해야 한다며 우리 집만의 규칙을 만들었다. 자신은 수저와 물을 갖다 놓는다. 엄마 아빠의 잔소리보다 그림책에서 전하는 메시지가 더 강하게 받아들여지는 아이 덕에 식사 시간이 편안해졌다.

때론 부녀의 이야기를 다룬 책을 남편에게 선물했다. 아이는 아빠 무릎에 앉아서 자신과 똑같이 닮은 주인공을 보며 뒷이야기를 맞춰보기도 한다. 엄마의 사랑만큼 아빠의 사랑을 듬뿍 느끼는 순간이다. 아이가 편안하게 잘 수 있도록 자리를 내어주고, 아이가 슬퍼할 때 무릎을 꿇고서 온 마음을 다해 위로하는 아빠. 얼마나 아이를 존중하고 있는지 느껴졌다. 그림책은 이처럼 자기 탐색과 자기 이해를 할 수 있다.

그림책 마음 지도사는 충분히 그림책을 관찰할 수 있는 시간을 준다. 첫 표지, 뒤표지도 꼼꼼히 본다. 처음에는 책을 그냥 읽는다. 두 번째는 그림만 보며 책을 읽는다. 세 번째는 가장 마음에 와닿는 부분이 있는지를 살핀다. 마음에 들거나 계속 눈이 가는 페이지를 탐색한다. 반복된 탐색을 통해 나를 좀 더 깊이 들여다보게 된다. 그것이 바로 자기 성장이다.

동화 구연 지도사

목소리 연기에 관심이 많았던 한 아이가 있었다. 아이는 바쁜 부모님과 함께 놀지 못하자 혼자서 일인 다역을 하며 부모님이 오실 때까지 놀고 또 놀았다. 아이는 어릴 적 할머니 댁에 지낸 적이 있다. 농사일을 마치고 돌아온 할아버지와 할머니는 혼자서 역할 놀이를 하는 손녀를 보며 미래에 연기자가 될 수도 있겠다고 생각하셨다. 그 아이는 자라면서 의사 선생님이 되고 싶었다. 좀 더 자라자 누군가를 가르치는 선생님이 되고 싶었다. 아이는 꿈을 이루지 못하고 방황하다가 자신의 꿈을 찾아 서울 상경을 결심했다. 아이는 성우 시험에 도전하고, 동화구연 자격증을 취득하고 극단 활동을 하며 무대에서 연기했다. 알 수 없는 목마름에 아이는 계속 방황했다. 이후 아이는 꿈을 접고 결혼을 선택하고 엄마가 된다. 이 아이는 바로 나다.

목소리 연기를 좋아했던 나는 엄마가 된 후 마음껏 꿈을 펼쳤다. 뱃속 아가에게 태교 동화를 읽어주면 아이는 신이나 발을 찼다. 커갈수록 동화의 내용을 생동감 있게 연기하며 읽어주자 아이는 자꾸만 책을 가지고 왔다. 엄마가 읽어주는 모습을 유심히 보던 아이는 어느 순간 엄마를 따라하고 있다. 아이의 모습을 보며 엄마는 생각한다. 그동안 내가 공부하고 노력했던 것들이 헛수고가 아니었음을 말이다. 다양한 경험을 했던 나는 좀 더 풍성한 육아를 할 수 있었다. 엄마는 아이와 함께 그림책을 보며 마음도 생각도 자랐다. 그림책을 읽으며 부족한 걸 보지 않고 잘하는 걸 찾아볼 수 있었다. 육아로 힘든 날 그림책이 나를 위로했다. 한번은 아이가 떼를 쓰자 나도 모르게 화가 났다. 그날 저녁 아이에게 그림책을 읽어주며 엄마가 갑자기 화를 내서 무서웠을 아이에게 "미안해 엄마가 정말 미안해"라고 얼마나 사과했는지 모른다. 아이를 안고 한참 울었다. 그림책은 그 당시 아이와 나를 위로하고 응원했다.

'자신의 목소리를 들어본 적이 있나요?'라는 질문에 '예'라고 대답하는 사람이 얼마나 많을까. 성우 공부를 하던 시절 내가 생각한 목소리와 녹음되어 나오는 목소리가 달라 놀랐던 기억이 난다. 그걸 받아들이는데 생각보다 긴 시간이 걸렸다. 아이와 책을 읽으며 녹음해 보기로 했다. 아이는 녹음된 목소리를 듣고 깜짝 놀랐다. "엄마 이상해 내가 아닌 것 같아." 이처럼 나는 자신에 대해 얼마나 정확히 알고 있을까 아이도 그날 내가 듣는 목소리와 남이 듣는 내 목소리가 다름을 알고 놀라움을 금치 못했다. 이후 아이는 통화를 할 때면 녹음해 자신의 목소리를 들었다. 옛날 휴대폰에는 아이 혼자 녹음한 것들이 많이 저장되어 있다. 그중 유치원에서

훈데르트바서 작품을 소개하는 부분이 있어 초등학생이 된 아이에게 들려주었다. 어릴 적 자신의 목소리가 귀엽고 사랑스럽다며 소리치며 좋아한다. 자신의 목소리를 듣기 위해 요즘도 아이는 자신이 적은 시를 낭송하며 녹음한다. 시가 100개가 모이면 책을 만들어 주기로 약속했다. 자신의 이름이 적힌 책을 갖고 싶은 아이는 꾸준히 시를 쓴다.

아이는 역할 놀이를 좋아한다. 코로나19로 함께 읽었던 책이 다음 권으로 넘어갈 때마다 온 가족이 함께 역할 놀이를 했다. 등장인물들을 조금 각색하기도 하고 새로운 인물을 추가로 등장시키며 다양한 놀이를 했다. 아이는 좀 더 재미있게 연기하기 위해 마법 주문을 적어서 암기하는 열정까지 보였다. 지금도 마법 주문은 문 앞에 꼭 붙여 두었다. 동화구연은 가족 분위기를 생동감 있게 만들어 준다. 경험이 없었다면 아이에게 그냥 글자만 읽어주었을 거다. 엄마의 다양한 경험은 아이를 풍성하게 키울 수 있었다. 내가 지금 하는 일이 아주 사소할지 모르지만, 어느 순간 어떻게 아이에게 영향을 미칠지는 알 수 없다.

초등학교 5학년이 되었지만, 아이와 함께 아직도 그림책을 읽고 있다. 아이가 어릴 적에 본 글자 없는 그림책은 지금 보아도 새롭다. 생각이 자란 만큼 다양한 경험을 통해 아이가 만들어 내는 이야기는 풍성하다. 바다 그림을 보며 자신만의 이야기를 만들어 낸다. 아이의 이야기를 듣고 있다 보면 엄마도 이야기 속으로 빠져든다. 여러 책을 혼합해서 만든 이야기는 나름 그럴싸하다. 요정, 마법사, 하늘을 나는 아이들 등 말도 안 되는 이야기를 통해 긴긴 코로나19를 이겨낼 수 있었다.

아이의 상상력이 궁금한 날이면 글자 없는 책을 펼치고 한참 이야기꽃을 피운다. 글자 없는 책을 읽을 때는 몰입할 수 있도록 조용히 한다. 책장은 반드시 아이가 넘긴다. 아이들은 책의 끝에서부터 그림을 본다. 엄마가 책장을 넘기게 되면 아이는 끝부분만 보고 넘어가게 된다. 아이가 충분히 그림을 볼 수 있도록 시간을 준다. 마지막으로 그림을 보면서 느낀 것들을 이야기해보게 했다. 아이의 상상력엔 정답이 없다. 부담 없이 읽은 책은 아이들 마음 깊이 남게 된다. 아이의 상상력은 열린 마음과 다양한 시각에서 나온다. 아이와 함께 오늘도 좋은 그림책을 찾아 몰입의 시간을 가져본다.

전통 놀이지도사

나에 대해 제대로 알기 위해서는 나의 역사를 알아야 하듯 자신이 태어난 나라의 역사를 모른다는 것은 뿌리를 모르는 것과 같다는 생각이 들었다. 학부모 아카데미 수업은 인당 3과목의 수업을 들을 수 있어서 감정코칭, 한국사, 전통 놀이를 신청했다. 시에서 지원하는 사업은 강사진이 우수하다. 전통 놀이 수업도 한국 역사문화교육원 대표이신 선생님이 직접 해 주셨다. 전통 놀이는 사회적 관습이나 시대적인 배경 조상으로부터 또는 역사적 계승이나 문헌적 근거를 찾을 수 있는 놀이를 말한다는 말씀과 함께 수업이 시작되었다. 국어사전에도 전통 놀이란 한나라에서 발생하여 민중 사이에 전하여 내려오는 고유한 놀이라 정의되어 있다.

전통 놀이 첫 시간에는 승경도놀이를 배웠다. 승경도놀이는 조선시대 관직의 종류와 승진을 알 수 있는 놀이다. 관직의 기초를 배우는 아주 좋은 놀이이다. 난중일기에 보면 이순신 장군도 자주 승경도 판을 그려놓고 부하들과 놀이를 즐겼다고 기록되어 있다. 승경도놀이를 통해 관직에 대한 이해와 더불어 관직에 나갈 수 있다는 동기를 유발하였다. 이후 많은 이들이 무과에 도전했고 관리가 되었다. 모든 일에 있어서는 동기부여가 중요함을 그 옛날에도 알고 있었다. 놀이만큼 동기부여를 높여주는 것이 없음을 알고 아이와 함께 승경도놀이를 하며 역사 이야기를 나누자 아이는 이순신 장군의 지혜에 또 놀라는 눈치였다. 자신이 알고 있는 이야기에서 또 다른 이야기를 들으며 자신도 이순신 같은 리더가 되고 싶다고 말한다.

세종대왕도 밤새도록 놀게 한 놀이가 있었다. 바로 격방이다. 세종 3년(1421년), '조선왕조실록'에 보면 "편을 갈라서 승부한다. 채는 숟갈 같고, 크기는 손바닥만 하다. 두꺼운 대나무를 물소가죽으로 싸서 자루를 만든다. 구의 크기는 달걀만하고, 마뇌나 나무로 만든다. 땅에다 주발만한 구멍을 파고 무릎을 꿇거나 서서 공을 친다. 공이 굴러서 구멍 가까이 이를수록 좋고, 구멍에 들어가면 점수를 얻는다." 현재 골프에서 퍼터를 치는 모습과 비슷하다. 운동을 싫어했던 세종대왕이 유일하게 좋아했던 놀이로 유명하다. 요즘에는 구슬 치기형 격방놀이, 격구 구장도형 격방놀이, 개인 수련형 격방놀이, 점수 격방놀이, 과녁 격방놀이 등 다양하게 있다.

저포놀이는 백제 시대의 유행한 놀이로 조선시대 소설에도 나올 만큼 인기를 끌었다. 명종은 저포놀이를 하도록 명을 내리기도 했다. 임금이 저포놀이에 흥미가 있기에 가능했던 일이다. 우리나라뿐 아니라 송나라 유경숙의 저포이야기를 보면 한 사람이 말을 타고 산길을 갔다. 산의 굴에서 두 노인이 저포를 두고 있었다. 저포 놀이를 잠시 보다가 말에서 내려 지팡이를 짚고 보았다. 시간이 별로 지나지 않은 듯했다. 옆으로 보니 말고삐는 이미 썩었고, 말은 죽어 뼈만 남았다. 집으로 돌아가 가보니 친척과 친구들은 이미 죽었다. 그도 슬퍼하다 죽었다는 이야기가 있다. 저포놀이가 얼마나 재미있었으면 시간 가는 줄도 모르고 했을까. 직접 저포놀이를 해보기로 했다. 놀이 방식이 어렵지가 않기 때문에 나이 많은 어른들도 쉽게 익힐 수 있었다. 온 가족이 둘러앉아 역사 이야기를 들으며 하는 저포놀이는 어른도 아이도 흠뻑 빠져들게 했다.

쌍륙은 우리나라, 중국, 일본을 포함하여 세계적으로 행해지는 놀이이다. 우리나라는 백제 때 즐겨하던 놀이이며 조선시대 후기에 크게 유행했다. 쌍륙을 하는 그림들을 쉽게 볼 수 있어 얼마나 좋아했는지는 쉽게 짐작이 간다. 아이도 많은 전통 놀이 중 가장 재미있는 것을 하나 꼽으라면 쌍륙을 꼽는다. 덕분에 아이와 가장 많이 한 놀이가 쌍륙이다. 아이가 저학년일 때는 유아 쌍륙을 했고, 아이가 자라면서는 일반쌍륙을 했다. 윷놀이처럼 여러 명이 할 수 있다 보니 외가댁에 갈 때면 잊지 않고 하던 놀이 중 하나다. 온 가족이 모인 명절 때 둘러앉아 전통 놀이를 하자 분위기가 훨씬 더 흥겹다. 놀이 자체가 어렵지 않고 간단하기 때문에 남녀노소 누구나 좋아했다. 우리의 명절에 우리의 놀이를 즐기면서 가족의 사랑을 나누었다. 또 할아버지 할머니의 어릴 적 놀이를 덧붙여 들을 좋은 기회이다. 다양한 연령대의 가족과 놀아본 아이는 관계를 어려워하지 않고 자랄 수 있다.

고누는 특별한 말판이나 말이 필요 없다. 여름철 시원한 나무 그늘 아래에서 땅바닥에 놀이판을 그려놓고 동전이나 돌을 말 삼아 어른, 아이 할 것 없이 모두 즐기던 놀이이다. 종류에는 우물고누, 호박고누, 8줄고누, 바퀴고누, 참고누, 고려고누(만월대고누)가 있다. 어릴 적엔 고누하고 청년이 되어서는 장기를 하고 장년이 되어서는 바둑을 즐긴다. 그 만큼 가장 쉬운 놀이라고 할 수 있다. 고누를 익힌 아이는 장기도 제법 한다. 이제는 오목과 바둑도 함께 하는 시간이 늘자 엄마가 보지 못한 곳에 한 수를 놓아 이기기도 한다. 이처럼 다양한 놀이를 통해서 아이는 다양하게 두뇌발달을 하고 있다.

역사를 제대로 알려주고 싶었던 엄마는 다양한 놀이를 선택했다. 놀이를 통해서 아이에게 들려주었던 이야기를 다시 책을 통해서 읽자 아이는 쉽게 역사를 받아들였다. 엄마에게 들었던 이야기를 책에서 발견하면 더없이 기뻐했다. 아이는 세종대왕이 훈민정음을 만들어서 존경하는 것이 아니라, 백독백습하고 자신과 똑같이 고기를 좋아하고 운동을 싫어한다는 사실로 좋아한다. 세종대왕이 유일하게 했던 운동이 격방이라는 사실을 자연스럽게 아는 아이로 자랐다. 격방과 비슷한 골프를 즐기는 걸 보면 아이는 자신이 좋아하는 위인과 참 많이 닮았다. 아니면 닮은 위인을 찾아서 기쁜 건지도 모르겠다. 위인전을 읽을 때 업적도 좋지만 실패담, 놀이담을 들으면 훨씬 더 재미있는 것처럼 역사 속 인물이 즐겼던 놀이를 통해 다가가면 더 친근한 느낌이다. 아이는 놀이를 통해 자연스럽게 우리의 역사를 익히고 있다. 아이가 아는 이야기는 듣고 엄마가 아는 이야기는 들려주면서 서로 자신의 지식을 나누는 시간이 즐거울 수밖에 없다.

나이가 들어 할머니가 되었을 때 손자, 손녀에게 책을 읽어주고 역사

이야기를 들려주는 할머니 상상만 해도 너무 행복하다. 할머니가 역사 이야기를 들려주면 더 재미있을 것 같은 것은 나만의 생각만이 아닐 거다. 시작은 전통 놀이였지만 이처럼 큰 그림을 그리며 한 발짝씩 나아가고 있다. 모두를 웃게 만드는 역사 이야기, 전통 놀이. 오늘도 아이와 함께 조선 시대로 여행을 떠나보려 한다.

가족 상담 지도사

시에서 운영하는 학부모 아카데미 감정 코칭 수업을 3학기 듣던 중 답답함을 느꼈다. 심리에 대해 자세히 알고 싶었다. 항상 수업이 끝나면 선생님이 하시던 말씀이 떠올랐다.

"언제든 공부를 더 하고 싶으신 분들은 물어보세요. 제가 알려 드릴게요"

"공부를 더 하고 싶은데 어떤 방법이 있을까요?"

선생님은 자녀가 몇 명인지 경제력은 어느 정도 인지를 물어보셨다. 시작하면 꼭 대학원까지 공부했으면 좋겠다고 하셨다. 대학에서의 공부는 기초가 되는 부분이고 대학원에서는 깊이 있는 수업이 이루어진다고 하셨다. 우선 생각해 보고 결정되면 다시 연락을 드리기로 했다.

집으로 돌아와 여러 가지를 생각해 보았다. 이제 곧 아이가 초등학교에 입학한다. 그럼 아이에게 더 집중해야 하지 않을까 아이가 좀 더 큰 후에 시작하는 게 좋지 않을까 이런저런 생각들로 머릿속이 복잡했다.

남편에게 처음 얘기를 꺼냈을 때 남편은 "당신 이미 결정 끝난 것 같은데"라고 답했다. 사실 마음은 하고 싶었다. 남편은 당신이 하고 싶으며 하라고 했다. 대학까지는 도와줄 수 있지만 대학원은 좀 힘들 것 같다고 솔직하게 말해주었다. 선생님께 결정한 내용을 전달하자 선생님은 오프라인 강의가 가능한 대학을 추천하셨지만, 아이가 학교에 입학하면 손도 많이 갈 것 같아 오프라인 대학보다는 사이버대학으로 결정했다. 심리상담학과를 갈지 가족 상담학과를 갈지 여러 고민 끝에 심리상담학과를 결정하고 선생님께 조언을 부탁드렸다. 선생님은 지금 내가 답답하고 궁금해하는 것들은 가족 상담학과와 더 맞을 것 같다고 하셨다. 그러던 어느 날 인터넷을 보다가 한국장학재단을 알게 되었다. 대학생이면 누구나 소득형 국가장학금을 받을 수 있다. 이렇게 나는 마흔이 넘은 나이에 다시 학생이 되었다.

편입하자 갑자기 일들이 생겼다. 아이가 놀이방에서 놀다가 울면서 왔다. 집에 가고 싶단다. 손가락을 벽에 짚었는데 아프다는 거다. 심하게 노는 아이가 아니라서 대수롭지 않게 생각하고 집으로 돌아왔다. 다음날에도 아이는 손가락이 아프다고 말했다. 아이가 3일째까지 아프다는 의사 표현을 할 때까지도 별거 아이라고 생각했다. 병원에 가서 의사 선생님의 괜찮다는 말을 들으면 아이도 괜찮을 것으로 생각하고 병원에 방문했다. 손목뼈에 금이 가고 인대가 늘어났다는 말에 깜짝 놀랐다. 깁스를 하고 집으로 돌아오면서 아이한테 얼마나 사과했는지 모른다. 무딘 엄마 때문에 고생을 시킨 것 같아 너무 미안했다.

며칠 후 남편이 전화했다. 빙판길에서 넘어졌는데 다리가 아파서 일어설 수가 없다는 거다. 이게 무슨 일인가. 신랑을 데리고 병원에 갔다. 신랑은 팔과 다리에 깁스했다. 부녀가 나란히 깁스하고 걸어가는 모습을 보니 그저 답답할 뿐이다.

아이의 입학식 날 부녀가 깁스하고 등교했다. 담임선생님은 깜짝 놀라셨다. 부녀가 함께 사고가 났다고 오해하는 해프닝도 있었다. 처음 학교를 다니게 된 아이가 깁스하고 다니다 보니 3월 한 달은 너무 힘들었다. 책가방을 교실까지 가져다주었다. 아이도 불편한 게 한둘이 아니었다. 추운 날씨에도 겉옷이 두꺼운 패딩은 입을 수 없었다. 아이는 매일 망토를 입고 학교에 갔다. 다행히 왼쪽이라 글을 쓰거나 밥을 먹는 때 불편함이 없었다. 아이는 그렇게 학교에 적응해 갔다.

몇 달 후 친정 아빠가 허리 수술을 하시게 되었다. 암 판정받고 병원에 있을 때 매일 아빠가 방문해 낮 동안 간호를 해 주셨다. 그랬던 아빠가 아프시다. 이번엔 내가 무언가를 해드리고 싶었다. 아빠 병원은 서울 양재에 있었다. 아빠를 보러 매일 갔다. 아빠 수술은 보기 두려웠다. 정확히 말하면 수술실로 들어가는 아빠를 보는 것이 무서웠다. 3번의 수술로 인해 트라우마가 생긴 것 같다. 오빠가 수술하는 동안 병원에 있기로 했다. 아빠의 수술은 잘되었고 무사히 퇴원했다. 2주 뒤 설날이 지나면 또 병원에 방문해야 했다. 시골에 내려갔다가 올라오시기 힘들 것 같아 2주 동안 우리 집에서 모시기로 했다. 혼자인 아이는 할아버지와 함께 등교도 하고 산책도 하고 게임도 함께하면서 할아버지 사랑을 듬뿍 받았다. 아빠에게 무언가 해드릴 수 있어서 기뻤다.

편입 후 좋았던 건 대학원에 가야 배울 수 있는 학문을 대학에서 배울 수 있어서 너무 좋았다. 특히 더 좋았던 건 교수님의 수업방식이다. 교수님 강의는 단순하고 명료하며 중요한 부분은 강의 내내 무한 반복하신다. 1학기 때에는 심리학 개론 위주로 듣는 걸 몰랐던 나는 임상심리학을 신청해서 심리용어를 익히는 데 어려움이 많았다. 다행히 나와 세상을 위한 글쓰기 필수교양 과목이 있어서 글을 쓰고 생각을 정리하면서 쉬어갈 수 있었다. 학과 특성상 연령대가 높은 우리 과는 교수님의 무한반복 강의를 통해 공부의 재미를 느낄 수 있었다. 가족 상담학과는 특강도 많고 집단 상담, 개인 상담을 경험할 기회가 주어진다. 나는 운이 좋게 집단 상담 3번, 개인 상담 2번을 경험하게 되었다.

이야기 치료 집단 상담받을 좋은 기회가 있었다. 주제는 상담자로서의 나와 가족의 이해였다. 나와 닮은 피겨를 찾아오라고 하셨다. 방에는 많은 피겨들이 전시되어 있었는데 마음에 드는 피겨를 가져와 꾸미는 시간이었다. 나를 닮은 피겨로는 악기를 들고 있는 아이를 세웠다. 나의 앞쪽으로는 작은 오리 4마리를 두었다. 왼쪽에는 동물들로 채우고 오른쪽에는 공주, 왕자 피겨를 세웠다. 악기를 든 피겨를 선택한 사람은 자신을 드러내는 걸 좋아하는 사람이다. 자신의 목소리를 밖으로 내는 사람이라고 말씀하셨다. 작은 오리들을 챙기는 걸로 보아 모성애가 강하다고 하셨다. 많은 피겨 중에서 나에게만 눈에 들어오는 피겨가 있다는 점도 놀라웠다. 집단원 중 겹쳤던 피겨는 단 한 명도 없었다. 교수님 말씀으로는 과거의 삶은 답답했는데 지금은 표정도 밝고 모두 사람으로 된 피겨를 가지고 온 것으로 보아 지금의 삶이 많이 안정된 것 같다고 하셨다.

과거의 나는 만족하는 직장을 찾지 못해 많이 방황했다. 결혼하고 아프고 난 후부터 삶이 다르게 보이기 시작했다 그 이후 모든 것이 감사하고 고마웠다. 선생님은 신기하게도 피겨만 보고도 다른 집단원의 삶도 잘 이해하셨다. 원래는 이렇게 다 이야기하지 않는다고 하셨다. 공부하는 학생들이라 체험해 보게 하기 위해 보다 더 많은 이야기를 해 주시는 거라고 했다. 책에서만 보던 내용을 실제로 경험해 보면서 나를 타인을 이해하게 되었다.

홍 선생님의 멋진 세상을 주제로 보드게임을 했다. 카드는 색깔별로 나누어져 있는데 3장씩 나누어 가졌다. 카드에는 질문이 적혀 있었다. 내가 뽑은 카드는 살면서 가장 감사했던 순간을 말해 달라는 카드였다. 새로운 삶을 살아가게 해준 암 판정이었다. 그 과정에서 나는 가족의 많은 사랑을 느낄 수 있었다. 특히 남편이 나의 강점임을 새롭게 알게 된 시간이었다. 이야기 치료 기법 중 글로써 마음을 위로하는 방법이 있다. 선생님은 집단원 모두에게 손글씨로 편지를 정성스럽게 적어주셨다. 그때 받은 편지 내용이다.

"선생님의 이야기 속에서 오늘 하루 사는 것, 사랑하는 사람에게 내 마음을 표현하는 것이 얼마나 중요한지를 다시 깨달았어요. 아픔 속에서 사람에게 삶의 소중함을 알려주는 법을 알려주시게 된 것 같아요. 선생님은 누군가의 에너자이저!"

- 2018년 12월 8일 홍 -

또 한 번은 사티어 모델 빙산 탐색 의사소통 집단 상담받게 되었다. 교수님은 사티어 모델을 우리나라에 처음 가지고 오신 분이다. 선생님의 집단 상담에 참여했다는 것만으로도 영광이다. 10명의 집단원은 자신의 애칭을 정하고 돌아가면서 인사를 나눈다. 나의 애칭은 사랑이었다. 아무나 먼저 하고 싶은 이야기를 하면 선생님이 사티어 모델을 이용한 질문을 하신다. 질문을 받고 그 답을 찾아가다 보면 답답했던 부분이 해결된다.

나는 친정 아빠에 대한 양가감정을 이야기했다. 한없이 잘해주시지만 말씀하실 때 윽박지르고 소리를 지르시는 비난형 대화법 때문에 마음에 상처를 많이 받았다. 한 번은 전화하셔서 너희는 뭐 하는 녀석들인데 전화를 한 번도 하지 않냐며 화를 내셨다. 그 말이 아주 불편하고 속상했었다. 야단맞는 기분이 들었다. 선생님은 "아빠는 어떤 마음이실까요?" "보고 싶다는 말을 그렇게 하신 것 같아요" 아빠의 마음을 모르는 건 아니지만 내가 생각한 아빠의 반응이 아니면 화가 났다. 선생님은 내가 아빠에게서 풀리지 않는 무언가가 있는 것 같다고 했다. 아빠는 사랑을 표현하고 싶으셨지만 제대로 표현하는 법을 배운 적이 없다 보니 자신만의 방식대로 표현하신 것 같다. 아빠는 바뀌지 않는다. 내가 먼저 변해야 한다는 걸 알고 있지만 아빠를 담을 수 있는 내 마음의 그릇이 부족한가 보다. 어쩌면 아빠는 부모에게 충분한 사랑을 받지 못하고 6남매의 장남으로서 역할만 요구받았을지도 모르겠다. 항상 모두 책임져야 한다는 생각이 아빠의 삶을 더 힘들게 했을 거다. 아빠는 완벽주의였다. 남자는 울면 안 되고 뭐든 잘해야 한다는 생각이 있었다. 가부장제에 익숙했던 아빠는 사랑하는 감정을 잔소리(신발을 벗으면 가지런히 정리 정돈을 해라, 방 치워라, 먹었으면 설거지를 해라)로 표현했다.

상담을 받은 후 아빠와 많은 대화를 시도했다. 상담을 받았는데 아빠 마음을 알겠다고 표현했다. 나도 아빠도 상처받지 않기 위해서는 돌려서 표현하지 않고 솔직하게 말씀해 달라고 했다. 지금 아빠는 전화해서 말씀하신다. "보고 싶어 전화했다." 알지 못해서 속상했던 일들을 알아가자 아빠와 함께하는 시간이 조금 더 편안해졌다. 아직도 가끔 명령하는 말투가 나오시긴 하지만 그때마다 아빠의 마음을 알아차려 드린다.

개인 상담은 나에 대해서 상담했다. 초등학교 이전의 기억이 나지 않는다. 선생님은 큰 충격을 받아서 유아 기억 상실증일 수도 있다고 하셨다. 선생님과 상담받는 동안 나의 어린 시절을 찾아다녔다. 엄마와 통화를 하면서 어릴 적 나에 관해 물어보았다.

외가댁에 있을 때 밥을 먹고 나면 설거지하겠다며 부뚜막에 올라가서 고사리 같은 손으로 설거지했다고 했다. 그 얘기를 들으면서 너무 귀엽다는 생각이 들었다. 근데 상담하면서 나는 어른들에게 사랑받기 위해 부단히 애쓴 아이였다. 선생님의 말씀을 듣고 어린 시절을 떠올려 본다. 혼자서 인형들을 가지고 놀면서 역할극을 했다. 엄마는 혼자서도 잘 논다며 칭찬을 해주셨다. 외로웠던 아이는 주변에 언제나 많은 친구를 두었다. 지금껏 내가 생각했던 나의 어린 시절과는 매우 달랐다.

내면 아이를 위로해 주었다. '혼자 참 많이 외로웠지. 이제라도 그때의 네 맘을 알게 되어서 기뻐. 힘든 시간을 잘 이겨 내줘서 고마워' 그러자 생각나지 않던 나의 어린 시절들이 하나둘 떠오르기 시작했다. 외로움을 이겨내는 방법을 몰랐던 아이는 반대의 감정으로 오랫동안 살았던 거다. 상담은 나의 문제를 해결해 주지 않는다. 다만 나를 찾고자 할 때 방황하지 않도록 방향을 잡아준다. 공부를 통해 나를 더 깊이 알게 되자 남편의 이야기도 궁금해졌다. 엄마가 달라지자 가정의 에너지가 바뀌었고 행복한 웃음소리가 들린다.

에필로그

나답게 너답게

두 번째 삶을 살아가면서 깨달은 것은 엄마의 인생을 살아가자 아이도 자신의 인생을 제대로 살아간다는 것을 알게 되었습니다. 많은 엄마에게 언제나 나를 따라다니는 것은 무엇일까요? 라는 질문을 하자, 흔히들 '그림자'라고 대답을 합니다. 그럼 나보다 다른 사람이 더 많이 부르는 것은 무엇일까요? 정답은 '이름'입니다. 내가 태어나는 순간부터 죽을 때까지 불려지는 이름은 나와 사람들을 연결시켜줍니다. 내 이름은 바로 정체성입니다. 나는 내 이름대로 살아갑니다. 모든 부모는 평생 불려 질 아이 이름이 중요하기에 심혈을 기울여 짓습니다. 모든 기운을 불어넣으며 이름 속에 좋은 뜻만 담습니다.

엄마가 되는 순간부터 갑자기 이름이 사라지고 엄마로 불립니다. 자신을 잃어버린 엄마들은 갑자기 낮아집니다. 이제는 그러지 않았으면 합니다. 다른 사람들에게 소개할 때도 "안녕하세요. 겨울이 엄마예요."가 아니라 "안녕하세요. 겨울이 엄마 정미숙이에요."라고 말합니다. 느낌이 많이 다르다는 걸 알아챘을까요? 엄마와 아이가 함께 있었을 때는 임신기간뿐입니다. 아이가 태어나는 순간부터는 '나답게 너답게' 살아가면 됩니다. 엄마의 생각과 마음이 아이의 생각과 마음을 바꿉니다. 아이는 엄마를 보면서 꿈을 꿉니다. 커서 엄마처럼 되고 싶어 합니다. 주도적인 삶을 살아가는 엄마를 통해 아이도 주도적으로 살아갑니다. 엄마들에게 어떤 아이로 자라길 바라세요란 질문을 하자 자존감 높고 자기 주도적인 아이로 자라길 바란답니다. 자존감은 자기를 사랑하는 마음입니다. 자존감은 사랑하면서 키워집니다. 삶을 살아가면서 나를 지탱해 주는 힘은 무엇일까요? 사랑받아 본 경험입니다. 사랑을 받아본 이가 사랑을 줄 수 있습니다.

나답게 살기 위해서는 내 이름을 찾아야 합니다. 내 이름은 내 얼굴입니다. 이름만 들어도 그 사람이 떠오릅니다. 내 이름을 듣고 그들이 떠올리는 모습이나 성격이 바로 나입니다. 편입해서 공부할 때 자신이 바라본 나, 타인이 바라본 나에 대한 과제가 있었습니다. 많은 사람들에게 질문했고 가장 많은 대답이 도전과 열정이라는 단어였습니다. 코로나19로 인해 우울감이 늘면서 힘들어하는 엄마들을 위로하고 공감하고 응원하는 글을 쓰다 보니 한 권의 책으로 탄생했습니다. 개인적인 저의 이야기를 통해서 나를 찾아 떠나는 여행길에 오르는 이가 많길 바라봅니다.

책을 집필하면서 감사함을 다시 배웠습니다. 이렇게 살아서 숨을 쉬고 글을 쓰는 것에 감사한 시간이었습니다. 잊고 있던 순간들을 다시 떠올리게 해준 남편과 솔직한 글을 쓰도록 옆에서 응원해준 딸에게 감사합니다. 힘든 순간마다 조언과 격려를 아끼지 않았던 이은경 선생님께 감사합니다. 저의 이야기가 세상에 나올 수 있도록 출간을 도와주신 편집자님께도 감사함을 전합니다. 모두 아프지 말고 행복하세요.

그리고
나의 모든 순간을
토닥여 봅니다.

지금도 충분히 괜찮은 엄마입니다

초판 1쇄 발행 | 2022년 7월 20일

지은이 | 정미숙
펴낸이 | 김지연
펴낸곳 | 마음세상

주 소 | 경기도 파주시 한빛로 70 515-501

신고번호 | 제406-2011-000024호
신고일자 | 2011년 3월 7일

ISBN | 979-11-5636-483-2 (03590)

원고투고 | maumsesang2@nate.com

* 값 14,500원

* 마음세상은 삶의 감동을 이끌어내는 진솔한 책을 발간하고 있
습니다. 참신한 원고가 준비되셨다면 망설이지 마시고 연락주세
요.